竹垣作りのテクニック

日式竹圍籬

竹材結構×特性應用×編織美學，解構14種經典竹圍籬實務工藝技法

吉河功 編　方 瑜 譯

以枯乾竹枝（白穗）製作的鐵砲籬。
靖國神社。吉河功設計。

靖國神社。到著殿的建仁寺籬。

石板步道旁以金閣寺籬區隔空間。

以唐竹做為主要編材的御簾籬。
原本青色的竹枝剛開始變黃。

看起來像是神龍蜿蜒潛行的曲線長型
竹籬「龍文籬」。吉河功設計。

茶室庭園中的竹籬風景（即上圖的龍文籬）。
靖國神社靖泉亭。

京都的大型竹穗籬。

庭院門扉旁以粗竹製成的鐵砲籬。

石庭前面的變化型柱籬。
靖國神社。吉河功設計。

推薦序 （順序依照姓氏筆畫排列）

　　竹子是上天賦於人類最實用也最環保的材料。竹子要砍伐才會漂亮，每年爬梳的竹林生意盎然，成為新的竹材來源。日本工藝大師吉河功先生利用竹材結合生活使竹子的生命延續到作品，讓竹子有更高價值，尤其是應用在製作竹籬上，使生活處處可以看見竹子優美的姿態。早期台灣就有廣泛使用竹籬，取材容易又實用，近年來日本很多庭園造景更是把竹籬提升為工藝設計，不僅實用也講究美觀。吉河功大師的竹籬技法非常多，不管是圓管或是編織技法總是讓人驚艷，結合繩子的纏繞更是變化多端，《日式竹圍籬》在台灣翻譯出版後，相信會為台灣帶來更多激盪與創新，期待台灣會有更豐富的竹籬文化產生。

邱錦緞

竹編工藝師

竹材是台灣最普及的工藝素材之一，竹籬更廣泛運用於早期的庭園設計中。工藝中心曾於2005年透過「籬情——」竹籬笆工藝創作計畫，邀請國內11位竹藝家打破圍籬舊有刻板印象，重新解構圍籬技法，創作出匠心獨具作品，讓社會大眾重新了解竹籬這種自然又環保的編織技術與材質美感。然而可惜的是台灣對於竹籬製作與工具書的相關整理工作闕如，欣見易博士出版社洞察先機，以其專業與獨到眼光，引進日本著名庭園工藝大師吉河功所編著的《日式竹圍籬》（原書名『竹垣作りのテクニック』），本書透過有系統的整理，詳實的圖文解說，提供讀者了解日本在竹圍籬的製作與相關範例，讀者可詳加研讀並揉合台灣的特有方式，激盪出不一樣的創意，實可做為參考價值與實用性兼具的工藝技法工具書。

許耿修
國立臺灣工藝研究發展中心主任

　　竹籬茅舍、近入千家散花竹、竹喧歸浣女、黃蘆苦竹繞宅生……。竹子和我們的生活是密不可分的，因為竹子生產的竹筍可以食用、竹葉子可以包粽子，竹竿可以曬衣服、做圍籬、製作竹桌竹椅甚至於蓋房子……，久而久之，竹籬自然形成了常民生活的景致。吉河功先生是一位竹生活的藝術家，在竹籬的設計施作上工法並濟，強調的特性是「樸質與精緻並存」的精神，將「竹子」經冬不凋、寒雪不蔽的風格，與造景時的協調性，表現得更為徹底。我收藏研讀吉河功會長庭園著作多冊，這是一本最詳實的竹工藝實務工具書。在此書《日式竹圍籬》裡介紹有14種竹籬製作技法、竹籬詞彙、使用形式、材料選擇、特性應用，以及連接切割處理與繩結固定應用，都提供讀者詳盡的解說，相信透過本書的出版將讓更多竹子愛好者，能親手體驗竹籬製作的雅趣、充實家居生活。

陳靖賦
青竹文化園區總經理

從事漆藝的關係，十幾年連續被邀參展於日本明治神宮之「日本漆の美展」。參展之餘，順道參觀過日本各處神社和庭園。修剪和維護雅致的日式庭園讓人印象深刻，入目可見構成園藝界線的竹圍籬，它很自然地融入花木之中，竹編的工法非常精湛。日本人善用自然素材有目共睹，透過竹籬搭配園藝，一來能夠區隔庭園的環境空間，二來也能統一視覺，使得庭園更為整潔美觀，心想如果自己有了庭院，一定會選擇竹籬來做搭配。欣聞城邦文化易博士出版社將出版《日式竹圍籬》一書，將日本對工藝的追求及精神引進給台灣的讀者，且編者吉河功先生不保留地將多年來累積的經驗清楚地呈現，對於竹籬設計有興趣的同好，此書值得研究與收藏。

彭坤炎

台灣工藝發展協會常務理事

造訪日式名園，眼光總會情不自禁地飄到簡樸細緻的竹籬，一個退到背後襯托場景的人造物件，即使是背景，在日式造園的環節中，一樣出落地如此細膩嚴謹。竹籬，從「作工」進展到「藝術」，需要專注的毅力堅持、足夠的時間養成、豐厚的美學功力、紮實的文化涵養，以及對營造環境最重要的感知能力，人、時、事、物，缺一不可。吉河功先生的作品與研究極致精實，以日本庭園研究會會長之崇高地位，毫不藏私、鉅細靡遺、圖文並茂地舖陳了「竹籬」的「一生」。從竹生、竹長、砍竹、養竹、選竹、編竹、繫竹、作竹、成籬，甚至涵括所有成籬為用的工具細述。此書，何止是工藝的工具書，更是保存文化的一種實踐，更是成就人生的一種態度！值得身在台灣、長在台灣、此時活在台灣的我們，鞠躬深度學習。

潘一如

環藝工程顧問有限公司主持人、景觀學會副理事長

上個世紀80年代，舍弟仁揚君前往日本「光樹園」實習庭園設計期間，帶回來日本老師傅親授的技藝，將竹材運用在庭園景觀的作業中，尤其是竹籬形式的講究以及繩結的各種繫法。當時，對於日本匠師竹材運用的巧思及傳統技藝傳承的堅持，即生佩服。今城邦文化易博士出版社將出版日本工藝大師吉河功先生著作，頓覺興奮，欣然為其中文版撰文推薦。

　　台南市社區營造協會，近年來在輔導社區自力營造的專案或個案中，極力推動在地材料的創意表現。竹子，在台灣平地或山區極為普遍，曾經竹材的運用，在台灣住民生活中扮演著重要角色。或許因為塑化用品充斥，讓竹器或竹材的運用，在現代生活中逐漸被取代，傳統竹藝匠師凋零。因此，本書的出版令人振奮，書中以圖解搭配中文說明的方式，從竹子伐取、竹材處理到結構組合的方式，都有著明確清晰的經驗傳達，尤其對於竹籬運用在現代庭園景觀的功能和形式，皆有多樣性的表現。期待本書的出版，可以帶給相關業者在專業傳承的啟示；給社區工坊的志工們一系列可遵循的工法；給愛竹的朋友們，在美化家園時不求於人。相信對於竹子取得容易的台灣，面對竹材的運用當可帶來創造性的激勵。

劉聰慧

台南市社區營造協會第五屆理事長

Contents

Part 1 竹籬基礎知識

Part 2 竹籬製作方法

Part3 各式竹籬鑑賞

靖國神社茶室庭園入口的枝折扉與兩側的四目籬。
吉河功設計。

Part 1
竹籬的基礎知識

本章整理出實際製作竹籬前，就需要了解的基礎知識。
包括了竹子種類、材料特性、以及繩結綁法的重點。

竹籬的種類

基本分為兩大類

竹籬的樣式有非常多種，但必須將所有的做法都記住嗎？一想到這個問題，可能有人會因此感到不安，不過實際上完全不需擔心。**竹籬基本上，只有以遮蔽視線為目的的「遮蔽型」，以及用來區隔庭院的「穿透型」兩大種類而已**。這兩種類型的代表分別是建仁寺籬（遮蔽型）與四目籬（穿透型）。所有的竹籬都是從這兩者其中之一加以應用變化而來的。

遮蔽型竹籬（建仁寺籬）

遮蔽型竹籬的代表——建仁寺籬。

將竹材切割為4～5公分寬，縱向無間隙地並排，再用對半剖開的竹材以一定的間隔將竹籬橫向固定。這種遮蔽型竹籬的使用範圍很廣，除了建仁寺之外，也經常在各種場所被使用。

穿透型竹籬（四目籬）

胴緣與立子呈直角交叉，視線能夠穿透竹籬看到對面的景致。

從完成的竹籬來看，由於竹材、繩結全都一覽無遺，也可說是絲毫不能含糊的一種竹籬。與遮蔽型竹籬相比，高度較低也是其特徵之一。

遮蔽型竹籬與穿透型竹籬

以遮蔽視線為目的而製作的遮蔽型竹籬，除**建仁寺籬外**，還有**鐵砲籬、御簾籬、大津籬、竹穗籬、桂籬等**。另一方面，以區隔空間為目的、能夠看到對側景致的穿透型竹籬，除了**四目籬外**，還有**光悅籬、龍安寺籬、金閣寺籬、矢來籬等**。

遮蔽型竹籬

小徑上的鐵砲籬。靖國神社靖泉亭。吉河功設計。

給人粗曠印象的竹穗籬。京都。

庭院門扉左右的木賊籬。千葉縣浦安市。

桂籬是竹穗籬的其中一種。千葉縣佐倉市個人宅邸。

這種低矮的建仁寺籬很少見。

在中間部位用押緣固定好的大津籬。京都。

以唐竹製作的御簾籬。靖國神社。吉河功設計。

穿透型竹籬

以較粗竹材製作的標準型光悦籬。京都。

龍安寺內的龍安寺籬。

金閣寺籬。千葉縣佐倉市。

靖國神社神池周邊的矢來籬。吉河功設計。

靖國神社境內的四目籬。吉河功設計。

竹籬所使用的竹子種類

大多數竹籬是使用整支、或是剖開的剛竹做為材料。孟宗竹則是竹穗籬的主要材料。此外，也有活用川竹、烏竹等材料的本身特質、或是使用乾燥竹材製作的竹籬。

而竹籬的材料，除了竹子以外，樹枝或是細圓的木材經過加工後，也可做為編製竹籬的素材。

剛竹

日本稱為真竹（madake）。是製作竹籬時最常使用的竹子，竹節的線條有兩道，竹身是富有光澤的深綠色。直徑約7～15公分，高度則可到8～15公尺，具耐久性。與孟宗竹相比竹葉較大、竹枝會以接近水平的方向生長。枝幹粗又硬為其特色。

孟宗竹

材質柔軟故耐久性遜於剛竹，但因材質特性適合，經常拿來做為竹筒等竹編工藝品的材料。經過打磨後會露出美麗的竹皮。直徑可達7～18公分，高度可達10～18公尺，為日本現存竹種中最大最高，外觀給予人雄偉的印象。竹節之間的距離短且厚實。

川竹

是細竹竹種的總稱，代表性的竹材像是箭竹（日本矢竹）、青苦竹（箱根竹）等等，日本也稱為篠竹（sinodake）。材質不算非常堅硬。與剛竹相比，新冒出地表的竹子之間間隔很窄，給人緊密叢生的感覺。通常用於製作清水籬等等。在日本，以篠竹編製的竹籬也稱為「篠籬」。

烏竹

亦被認為是淡竹的變種。細小而短的竹種，竹幹起初是綠色，自秋天開始到冬天會轉變為紫黑色。自古以來就被視為可增添庭園趣味的竹種，尤其是架設在茶庭的露地（空地）。竹枝則可用來編製竹穗籬。

取得竹材時的注意事項

竹材的**取得的方式有：自行到竹林採伐，或者是到竹材店購買**。不論是哪一種方法取得，事先都需要對採伐時期與保管重點有所了解。

竹子的採伐時期

竹子並不是一年到頭都能夠採伐，一般認為最佳的採伐時期在每年的 10 ～ 11 月。若晚於這段時間，竹子容易遭蟲蛀，且因竹子的水分含量高而很容易有所損傷。不過，最近因為全球氣候暖化的影響，據說竹子採伐時期延長到次年 1 月左右也沒問題。而適合採伐的時期也會隨區域不同而有所差異。

此外，竹齡若在 1 ～ 2 年還算是幼竹，竹幹柔軟、且質地也不夠強韌，選擇竹齡 3 年以上的竹子會比較好。最好的材料是竹齡 3 ～ 4 年的竹子。若竹齡超過 5 年以上，竹幹可能會變色或是有明顯的磨損傷痕，質地也會變得乾燥脆弱而無法使用。

竹籠所使用的竹材為何

實際上製作竹籠所使用的竹材，主要是取竹子根部以上、約竹幹整體高度 2/3 的部分。頂端 1/3 的部分因為較細，無法用來製作竹籠，請務必留意。此外，裁切時將竹材切割得比實際所需長度略長一些，也是要留意的要點之一。

竹子的適伐時期與竹齡

適伐時期	10 月～ 11 月（近來延長到 1 月採伐也可以）
適伐竹齡	3 年～ 4 年最佳

採伐竹子的重點

通常會用手斧或鋸子來採伐竹子。

因為竹幹中空，若硬砍的話會造成竹幹損傷，所以注意不可使用蠻力。

採伐下來的竹子請在現場就先將竹枝清理乾淨。首先，從竹枝底部膨起處下方一點兒的地方，用手斧或鋸子割出一道淺淺的切口。接下來沿著竹幹，以刀物的刀背用力迅速地將竹枝剔除掉。如此就能輕鬆地清除竹幹上的竹枝。**如果不先割出一道切口或割痕的話，剔除竹枝時的裂痕會一直延續到竹節下方，傷害到竹幹表面，有損傷的竹幹便無法派上用場了**，所以需要多加留意。

於竹材店購買材料時的重點

若是從竹材店購買材料，要選擇有良好商譽、可以信賴的店家。因為也有商家會將不宜採伐的季節砍下的竹子當做商品販售。一般說來，盛夏時節竹材店的青竹庫存量應是非常少才是常態，**因此要留心店裡的青竹可能是這個時期剛剛採伐下來、水分含量還很高的竹子**。若是直接做為裝飾等暫時性用途雖然不會有問題，但若要拿來製作竹籬等立體結構物，還是避免使用比較保險。此外，若是使用進口竹材，也要向店家問清楚竹子的種類。

竹材店是製作竹材的專家。可以向店家請教有關編製竹籬的各種疑難雜症。和竹材店維繫良好關係，不論有任何問題或想知道的資訊都可以請教店家。

保存方法

剛從山裡採伐下來的青竹，先放個30～40天，會比新鮮剛採伐下來時的狀態更易於處理。若能夠放置60天以上更好。這是因為剛採伐下來的竹子黏性較低，反而不利於切割。

理想的保存場地是**不會有淋到雨水、且無陽光直射的陰涼通風倉庫，將竹子橫放且彼此之間不要重疊擠壓**。如果像這樣妥善保管的話，能夠維持竹材的翠綠達1年之久。

保管訣竅

場地	不會淋到雨水、無陽光直射、通方良好的倉庫等
從採伐到實際製作的保存天數	60天以上為最佳；30～40天左右也可以
保存期限	竹幹綠色約可維持1年

製作竹籬所需的工具

製作竹籬所需的必備工具彙整如下。

截竹細齒鋸

專為鋸切竹子之用的特製鋸子。特徵是鋸齒較細。一把好的截竹細齒鋸，是竹材相關工作不可或缺的工具。

截竹斧

裁割竹子專用的斧頭。刀刃薄、斷面呈楔形。

電鑽

在柱子或竹材上鑽洞時使用。

量尺

測量尺寸時的必要工具。

鉋刀

要讓剖開的垂直竹材等削平密合時使用。使用單片刀刃的鉋刀。

黃銅刷

清洗竹子時使用。請選擇刷齒稍為柔軟一點的黃銅刷。

木槌

切割竹子、將竹子埋入地面固定時使用。

鐵鎚

釘釘子時使用。請選擇握柄好握的鐵鎚。

墨斗

能夠在竹籬上標出水平或垂直線的工具。
圖示中的墨斗內裝紅色石灰粉。

作業台

裁切整根竹子時使用。

平鑿刀
打方形洞時使用。

圓鑿刀
打圓形洞時使用。

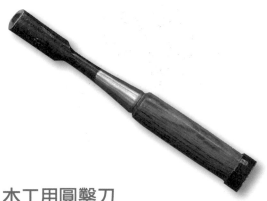

木工用圓鑿刀
在木材上打圓形洞時使用。

水平器
測量是否水平或垂直時使用。判斷水線是否呈水平時不可或缺的工具。

水線
主要是在決定垂直竹材的高度時使用。對於追求準確水平與垂直的竹籬來說是必要工具。

鉛錘
判斷柱子或竹材是否垂直的工具。與水平器相同，是製作竹籬時不可或缺的工具。

錐形小刀

主要是在竹材上開洞時使用。刀的前端較細,適合精密作業時使用。

刨刀形勾針

製作遮蔽型竹籬時,便於一個人單獨綁繩結時的工具。

直針

不需要使用刨刀形勾針時,用普通的直針就可以了。

染繩

纏繞或綁繫竹材時使用。選擇已經製成兩股的現成染繩會非常方便。

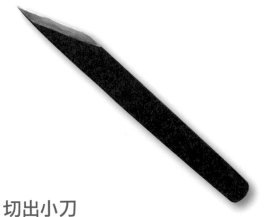

切出小刀

削切竹節等細部作業、配合柱子弧度切割修整表面的押緣時使用。

　　除了以上工具之外,也會需要剪繩子的剪刀、挖洞的鐵鍬、打小洞用的錐子等工具。

清洗竹材

接下來要開始介紹製作竹籬的實際作業。
採伐下來的竹子不能直接使用，必須先進行「清洗」的步驟。

黃銅刷。請選用接觸肌膚也不會讓人感覺疼痛、刷齒柔軟的黃銅刷。

　　雖然也有人把清洗竹材的作業稱為「磨竹」，不過並不是「打磨」這麼強的摩擦力道，而是要溫柔地磨擦竹子表面，能夠去除表面髒汙左右的程度即可。

　　若是因為竹子上附著的汙垢或黑斑難以去除，便強力磨擦竹子的話，會把竹材表皮給磨掉而造成損傷。如果碰到髒汙難以除去的狀況，**可用柔軟的黃銅刷沾水、輕輕地刷擦竹子，如此竹節周圍也會變得乾淨美麗**。加上清洗竹材這道程序，可讓竹子散發光澤，製作出美麗的竹籬。

切割竹材

因為竹幹中空的緣故，切割方式上需要下點工夫。

將竹材切割成適當長度

要能得心應手地將竹材切割成適當長度，也許要花上一點時間才能掌握其中訣竅。請反覆練習，慢慢地就會習慣。

在切割竹子時，要使用適合切斷竹子纖維的截竹鋸刀或平鋸刀。

鋸子要和竹幹呈直角，將竹幹靠近自己，用手一邊轉動一邊切割。重要的是注意不要在切割時把竹皮也一併剝除了。

切割整支竹子

在切割竹子時，**一定要從竹幹比較細的一方開始切割**。現在我們依序來看切割完整一支竹子的步驟。

切割竹子的步驟

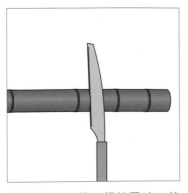

1 切割完整一根竹子時，首先要切除掉根部粗而硬的部分。若未先進行此一步驟，將無法順利切割竹幹。

2 將竹幹下端，牢牢地靠在不會移動的物體上。

3 若是完整一根竹子，一定要從較細的竹幹上方開始切割。為了可以平均且正確地將竹幹切分成兩半，在要下鋸切割的地方以紅色鉛筆做上記號。

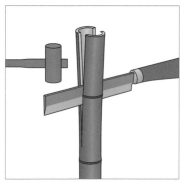

4 沿著記號,在正確的地方下截竹鋸刀。用木槌協助施力剖開竹幹,約至2～3個竹節的深度。

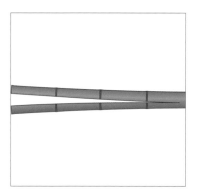

5 以此狀態將竹子橫放在地面,用腳用力踩住已剖開的竹幹下半面,上半面用兩手往上抬起,順著竹節將竹幹分裂開(參見上方照片)。

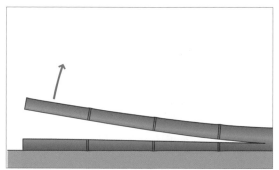

6 分裂竹幹時,以手抬起的竹幹上半面會變得愈來愈薄。為了避免這個情形發生,要不時地將竹幹上下換邊,確保上下面的厚度平均。

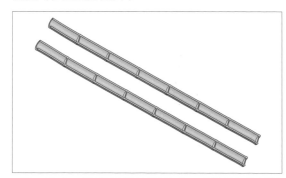

7 完成。訣竅就是不要焦急、慢慢地分割竹材。

竹子彎曲的特性

竹子如下方圖片,竹幹在長出竹枝的地方會有左右彎曲的特性。

押緣與笠竹的切割方式

如同剛剛說明的,竹子會因為擺放面向不同,而顯得歪曲不直,**因此在切割之前,必須先想清楚竹材要用在什麼地方,依照使用目的才下刀。**

若是把原本枝芽生長處做為側面加以切割的話,從正面看過去時,竹材會顯得歪歪扭扭的,因此就無法做為要從正面觀賞、修整表面的押緣使用。**在切割押緣的時候,要將枝芽生長處做為正面來切割,如此竹節歪曲的狀況便不會太明顯。**

另一方面,若是用來做為固定竹籬頂端的笠竹時,因視線會看到的是側

長出竹枝處的正面

長出竹枝的地方從正面看去,竹幹是筆直的。

長出竹枝處的側面

從側面看長出竹枝的地方,竹節處會左右彎曲,顯得竹幹扭曲不直。

面，所以和切割押緣時剛好相反，得將枝芽生長處做為側面來切割。

使用不同方式切割押緣與笠竹的竹材雖然是基本原則，但在不少實際成品中仍會發現未加留意而直接切割竹材的狀況，所以請各位務必記得此一重點。

矯正歪曲竹材的方法

使用於建仁寺籬的立子如果彎曲不直的話，可以將彎曲的程度加以調整矯正後再使用。做法是在立子上用截竹鋸劃上V字型切口。在緊鄰竹節的下方、或是直接在竹節上劃上切口，就能夠將竹幹的彎曲調整過來。

如果能在竹節上順利下刀，切口就不會太明顯。

在緊鄰竹節處劃上切口

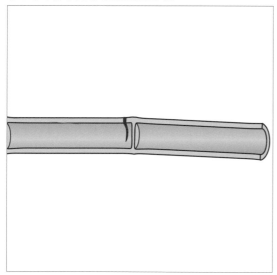

在緊鄰竹節的地方劃上V字型的切口。V字的深淺要配合竹子彎曲的程度分次慢慢加深。

在竹節上劃上切口

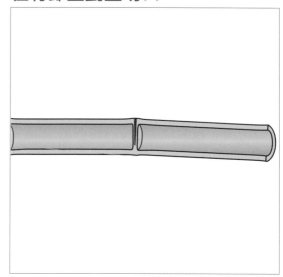

在竹節上劃上切口。雖要慎重下刀，但如果沒有切到竹子2/3以上深度的地方，竹子並不會彎曲。若能像這樣順利地在竹節處下刀，切口其實並不明顯。

竹材的連接及竹材與支柱結合的方法

竹籬是把竹材跟竹材連接在一起、或是跟支柱結合在一起所完成的。
連接與結合的方式各有不同,請確實把方法學起來。

竹材之間的連結方法

竹籬有相當長度時,會發生光靠一根竹子不夠長的狀況,因此需要將竹材與竹材之間加以連結。

唐竹若是用來做為四目籬用的水平固定材胴緣,可以將竹幹較細的一端切口(末口)插入另一竹幹較粗的一端切口(元口)來連接竹材。此種情況的原則是,**末口的竹節與元口側的切口完全一致**。而元口為了要讓另一支竹子的末口可以完全插入,在裁切時必須注意從切口到下一個竹節之間的長度,要足以容納另一支竹子要插入的部分。

在這裡有幾個需要注意的地方。

首先,元口如果切在太過靠近竹幹根部的地方,此處的竹節很短且纖維粗厚、竹幹中空的面積較小,用來連結會有些困難,最好是將元口切在離根部稍微遠一點的地方,連結起來會比較順利。相反地,末口的部分若是在太靠近竹幹頂端太細的部分,**連結起來的外觀也不好看**。因此,決定末口和與其連結的元口的竹材粗細是很重要的。

此外,竹材之間的連結處如果與母柱之間的距離太短,看起來不美觀,請盡量讓連結處接近間柱。而同屬胴緣的竹材,則要注意其連結處盡量不要落在同樣的地方,以免竹籬的外觀顯得呆板。

建仁寺籬等的押緣或玉緣也是一樣,都是以剖半竹材的元口覆蓋末口的形式加以連結。**此外,笠竹從側面看時連結的地方會變得特別顯眼,所以接合時要留意,不要讓竹材重疊處變得太粗厚。**

竹材連結的製作步驟

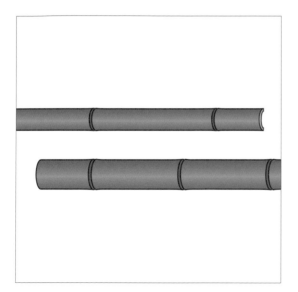

1 挑選粗細適宜的竹材。

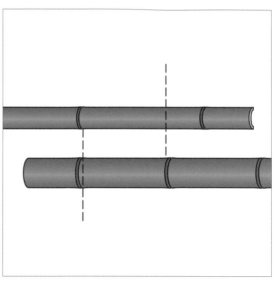

2 竹材連結的部分長度要相合，裁切虛線的部分。

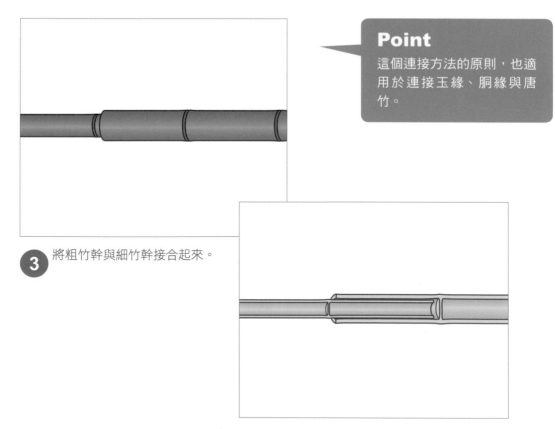

3 將粗竹幹與細竹幹接合起來。

Point
這個連接方法的原則，也適用於連接玉緣、胴緣與唐竹。

連結處的竹幹內側示意圖。

與粗圓柱結合的方法

由於母柱是粗圓形的柱體，而柱體輪廓未必都是筆直的。**垂直編材立子為了要與母柱接合，就得用切出小刀加以切割修整。**而該如何配合柱子的凹凸，來切割修整立子是一大重點。如下圖所示，可**用圓規沿著母柱與立子、在立子**上畫出正確的線條，再把畫線的部分削切掉。

沒有圓規的時候，也可使用園藝剪刀來代替。在削切竹子時，切割方向一定要由元口（粗）往末口（細）方向下刀。

修整垂直竹材的步驟

1 利用圓規配合母柱的輪廓，在立子上標出線條。

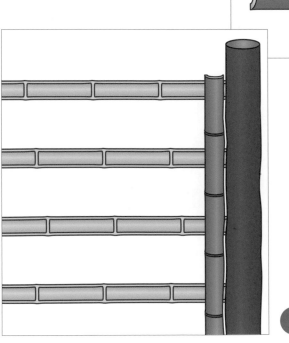

2 根據步驟1的標線修整立子。此時使用切出小刀最為方便。

3 如此就能讓立子與母柱的凹凸輪廓契合。

以直角方式連結竹材

直角連結竹材的步驟

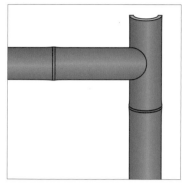

1 將竹材以這樣的直角方式連結起來。

NG!

2 竹子的切割曲度要盡量配合接合處的角度。注意，不要以直線方式斜切。

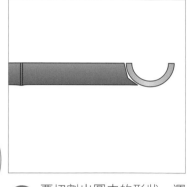

3 要切割出圖中的形狀，運用切出小刀能快速完成作業。

打釘的方式

在竹子上打釘的時候，無論任何狀況都應先用錐子或電鑽在竹上開出釘孔，再釘入釘子。此時需要配合釘子的粗細開出適當的釘孔。

此外，打釘時可能會有釘頭從竹材表面凸出的情況，**如果急於想要解決這個問題而太過用力敲打釘子的話，可能會造成竹材出現裂痕，要多加注意。**

為了預防過度施力打釘造成竹材破裂，需要一些小訣竅。

使用錐子開釘孔的話，不要打穿竹材，**在竹材表層鑽出 V 字型的釘孔，在此釘孔中打入釘子。因為竹子表皮上層較硬的部分已經以錐子開出釘孔，即使錐子沒有穿透竹材，剩下的部分較為柔軟，因此不必擔心竹材破裂。此時適用的工具是「三角錐」**（錐頭呈三角形）。此外，V 字型的釘孔很容易打入釘子，會讓釘頭看起來不那麼明顯。

接合轉角處

1 配合竹材彎曲的角度將 2 根竹材重疊。保持疊合的狀態，利用截竹細齒鋸以垂直的角度裁切竹材。

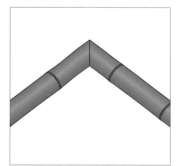

2 按照此種方式，便能正確地接合竹材。

綁繫竹材

如同竹籠有許多不同的型式種類，固定竹材與竹材的繩結綁法也非常多樣。在日本，最具代表性的繩結是「疣結」（又名男結）。建仁寺籬等最上端的裝飾繩結，便是運用了疣結綁法。

基本繩結綁法

首先介紹將繩子固定到竹材上的「雙套結」綁法。這種繩結的綁法簡單、用途廣泛，可以活用在各種不同的場合。希望大家可以熟練這種基礎繩結的綁法。

綁雙套結的步驟

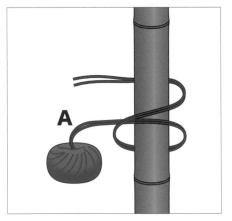

1 將繩子A端從竹子上方開始，依圖示纏繞。

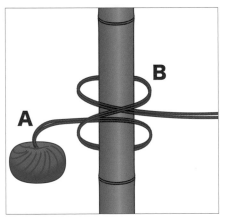

2 將繩子B端繞過中央繩子下方。

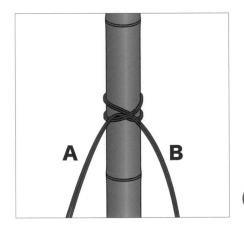

3 將A、B兩端繩子拉緊。

疣結綁法

　　疣結是日本最常見的竹籬繩結。因為是用來固定四目籬，所以也稱為「四目男結」。**此種繩結能在沒有用釘子接合的地方，將竹材牢牢地固定。綁完疣結後，切口的繩子不要留太長，並且要讓竹籬上所有的繩結切口看起來整齊一致。**

疣結綁法背面X型示意圖

綁疣結的步驟

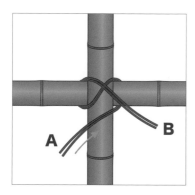

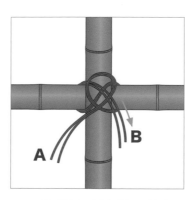

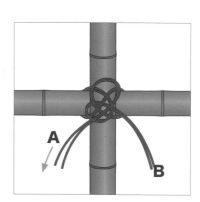

1 將繩子A端繞到橫向竹材背面，如圖所示在竹材交叉處形成「X」型。

2 將繩子A端如圖示繞出一個圓圈，讓繩子B端穿過圓圈後拉出。

3 將繩子B端如圖示繞出一個圓圈，讓繩子A端穿過圓圈後拉緊。

四目結綁法

在製作四目籬時，會使用稱為四目
結的繩結。此種綁法能夠防止垂直編材
立子傾斜。

綁四目結的步驟

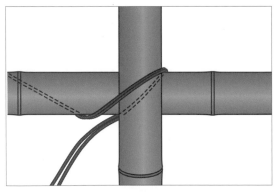

1 圖示為面向竹籬時往右綁繫繩結的綁法示
意圖。繩子繞過縱向竹材的上方後往後繞。

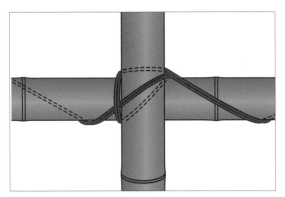

2 繩子繞向身側。繩子平行於縱向竹材往後
繞，再繞回身側。

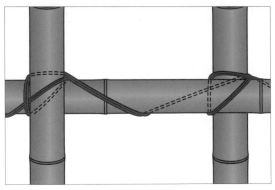

3 將繩子前端往右拉，
重複上述步驟。

玉緣結綁法

　　架在竹籠上方、包覆竹籠頂端的竹材總稱為「玉緣」。建仁寺籠等的竹籠類型，要在玉緣上打上裝飾繩結才是傳統的型式。

綁玉緣裝飾結的步驟

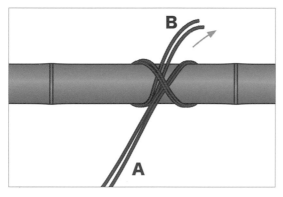

1 先在玉緣綁上34頁所介紹的基本雙套結。

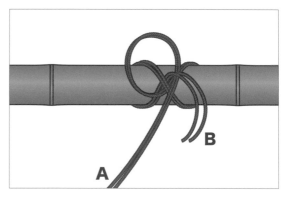

2 此步驟跟綁疣結的要領相同（參照第35頁步驟2）。

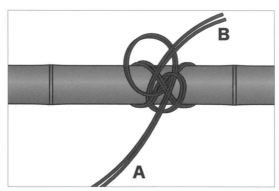

3 如圖將繩子B端繞過繩圈，將A端用力拉緊。到此與綁疣結時的做法相同（參照第35頁步驟3）。

37

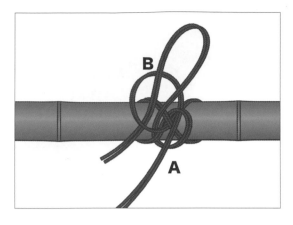

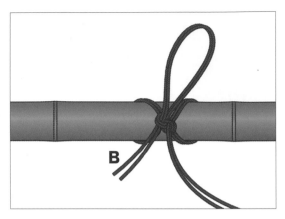

④ 繩子A端做出繩圈，將B端折入繩圈內。

⑤ 從繩子A端將剛才纏繞的地方拉緊，使繩子B端形成繩圈。

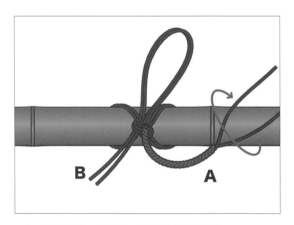

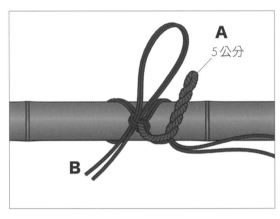

⑥ 將繩子A端往上方扭轉成麻花狀。

⑦ 將步驟6麻花狀繩子折成兩段，再將繩子扭轉使長度約為5公分。

5公分

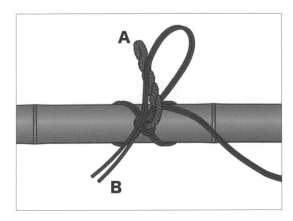

⑧ 將A端放入以B端做出的繩圈。將B端繩子用力拉緊、打出繩結。

⑨ 玉緣結完成圖。

竹籬所使用的繩材種類

編製竹籬時主要使用的是染成黑色、稱為「染繩」的繩子。雖然也會使用咖啡色的棕櫚繩，但大多是用在準備工作上，重要的繩結還是會用染繩來製作。

染繩以雙股一起使用為原則。最近市面上也有現成的雙股染繩商品。綁裝飾繩結或是綁繫固定粗竹子時，也可能將三股染繩一起使用。用三股染繩需要一些技術，到熟練上手為止可能要花上一點時間，請試著練習看看。

不論是染繩或棕櫚繩，若能在使用前先將繩子泡過一次水，可以讓作業易於進行，繩結也能夠綁得更牢靠。不過，染繩泡水後其染料在作業過程中會把手弄黑，這點請多加注意。

一般製作竹籬時使用的染繩。
圖中是已經做成雙股形式的商品。

棕櫚繩。事前準備工作時使用。
也稱為赤繩。

粗染繩。在綁裝飾繩結
時非常方便。

不論是染繩或棕櫚繩，先泡過水再進行作業能夠讓繩結綁得更牢靠。不過染繩泡水後會把手弄黑，所以要多加注意。

Part 2
竹籬製作方法

現在就來實際製作竹籬。本章為各位介紹基本樣式,以及園藝業經常使用的竹籬,先學會這14種為佳。剛開始會不容易上手,但重複練習便能掌握訣竅,也能夠進一步做出富有獨創性的作品。請先參考本書解說,並試著親自動手實踐。

日式竹籬專有詞彙

在實際製作竹籬之前,最好先了解及記住的基本用語。

押緣

覆蓋在編材立子或組子上,用來押緊竹籬、亦有修飾作用的竹材。

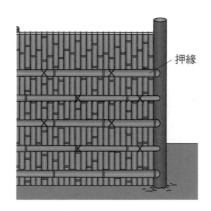

犁田綁法

固定垂直編材立子的繩子綁法。不是單獨固定每根竹材,而是以不剪斷繩子、連續纏繞竹材使之固定。

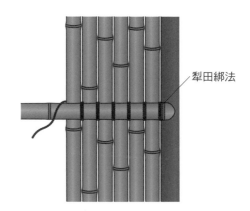

親柱

即母柱。支撐竹籬的基礎粗柱子。編製竹籬時的基本原則是先立穩母柱。

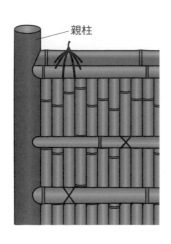

笠竹

竹子對半剖開後蓋在竹籬頂端做為修飾,這部分的竹材稱為笠竹。

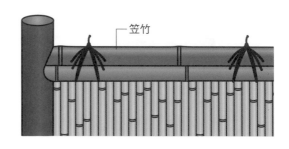

41

組子

構成竹籬主體的竹材總稱。在建仁寺籬與清水籬中，將主體竹材垂直編製使用的稱為「立子」。

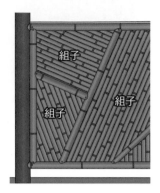

差石

竹籬下端直接接觸地面的話容易受損，因此有時會在下方鋪上石頭，讓竹材立在上面。鋪設的這些平坦石頭稱為差石。在製作袖籬（詳見本書Part 3）時經常使用。

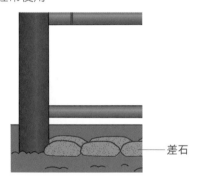

隱竹

用來支撐竹籬結構、但外觀上不會被看見的竹子。通常會使用剖成細長條的竹材，而且上面一定會再覆蓋表面修整材押緣。

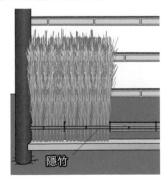

區隔型竹籬

以區隔空間為目的的竹籬。

遮蔽型竹籬

用來遮蔽背後景物所製作的竹籬，本書自第44～119頁所介紹的竹籬皆屬此類型。代表性的遮蔽型竹籬有建仁寺籬、竹穗籬等。

穿透型竹籬

視線可穿透、看到另一側的竹籬總稱。此名稱是相對於遮蔽型竹籬而來。本書自第120～168頁所介紹的竹籬皆屬此類型。代表性的穿透型竹籬有四目籬、金閣寺籬等。

末口

朝向竹子頂部較細的那一端。

元口

朝向竹子根部較粗的那一端。

竹穗

竹枝與竹穗（竹尾）的總稱。

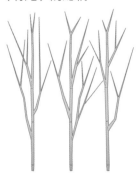

立子

垂直編材，也就是垂直並排編製而成的組子。

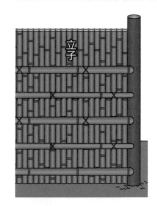

節止切割

在緊鄰竹節的地方裁切竹子的切割方式。

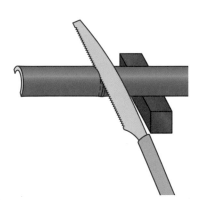

玉緣

將竹籬頂端覆蓋起來的竹材總稱。通常包含了對剖覆蓋竹籬頂端的笠竹，以及笠竹下方修整表面的押緣。

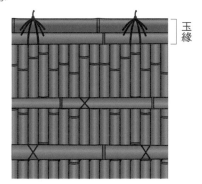

間柱

立於竹籬中間的柱子，通常會使用比母柱（親柱）細的圓木。

胴緣

穿過竹籬的中心部位，用來固定立子或組子的水平竹材或椽木。

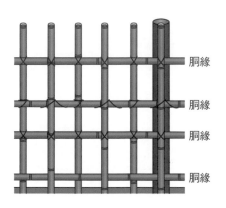

無目板

讓竹材可以立於其上、不直接接觸地面的板子。因日文的發音相近，有時也稱為「滑板」（無目板音為mumeita，滑板音為numeita）。

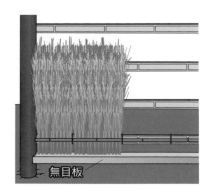

遮蔽型竹籬 **Style ❶**

建仁寺籬（真）

遮蔽型竹籬是最基本的竹籬形式，現在也有非常多的做法和範例。因為
地理區域或是製作者的不同，呈現出許許多多不同的巧思與造型。特徵
在於表面修整材押緣的數量與粗細不同，而呈現出竹籬的多樣風情。在
建仁寺籬的製作步驟中，包含了許多製作竹籬的基本技術，是一定要先
學習的竹籬樣式。

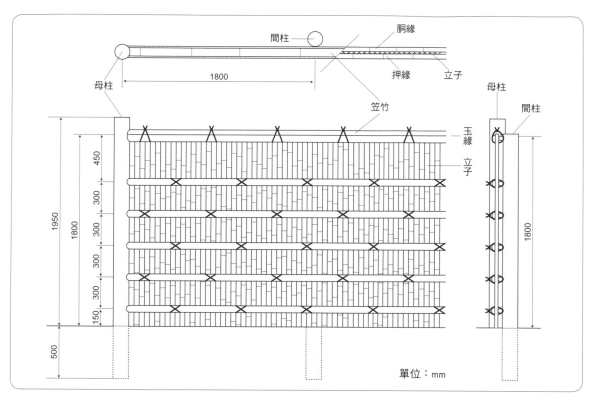

間柱　胴緣　母柱　1800　押緣　立子　笠竹　母柱　間柱　玉緣　立子　450　300　300　300　300　150　1950　1800　500　1800　單位：mm

縱向、橫向的竹材與頂部要形成平衡的美感

從造型上來說，建仁寺籬是由直立的垂直編材立子、橫貫表面的固定材押緣、以及最頂端的覆蓋材玉緣，所形成看起來具有平衡美感的竹籬。

日式庭園有所謂「真・行・草」等不同的美學思考。**最原始的基本型式為「真」、「草」，是不受規範的變形體裁；「行」則是則介於真、草之間。**建仁寺籬也有「真・行・草」之分，本書中竹籬上端覆蓋有玉緣的型式為「真」；沒有蓋上玉緣、但立子頂端整齊地保持齊頭高度的型式為「行」；沒有蓋上玉緣、且立子參差不齊者為「草」。不過，這種「草」型式的建仁寺籬相當少見，大概只有在茶室庭園中，偶爾做為袖籬使用。

立子編製完成後，一定會在水平固定材胴緣上加上押緣。其中，胴緣的數量會影響竹籬的設計。日本關東地區在修整表面時，幾乎都不用粗的押緣，而胴緣以6根最常見。關西地區則偏好使用較粗的押緣，而且又以5根胴緣較多。就押緣來說，大部分都會覆蓋上胴緣，不過從上面算起第3、第5根的胴緣上加上細剖竹材的情況也不在少數。

「真」型式的建仁寺籬看來簡單素樸，但要把它做得漂亮卻比想像中還要困難。**尤其是最後修整用的押緣、玉緣、笠竹等竹材的切割方式，需要特別注意。此外，垂直編材立子也要留意竹節的位置不要左右對齊，而要盡量錯落擺放，這一點很重要。**

「真」型建仁寺籬的製作流程

Point

烤製圓木有以下三個目的：
- 讓柱子表面呈現美麗的咖啡色
- 先讓木材炭化，日後便不易腐朽
- 避免蟲害

用噴槍的烤製方式，只能在圓木表面烤出不均勻的咖啡色斑塊，建議還是在地面挖洞生火，確實地烤製。近來也有先塗上防蟲劑再販售的圓木，如果買到這種商品的話，請勿加以烤製。另外，在磨除黑炭時，炭的粉末會四處飛散沾黑其他地方，請多加注意。

1 在地面挖個洞，點燃不要的竹材、木頭等廢料來烤圓木。為了不要烤過頭，要經常轉動圓木、挪動位置，均勻地烤到每個地方。烤製完成後，將外觀看起來焦黑的地方磨除乾淨。圓木上的炭可以用稻草繩束在圓木上磨除。不過，**因為很容易弄髒，所以神社多偏好使用只剝除掉樹皮、但未上漆的原木。**

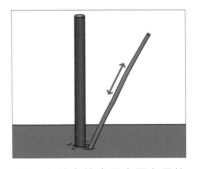

2 在地上挖出用來豎立母柱的洞口，依據所需高度立好母柱，並用搗土棒將洞口周圍搗實。使用堅固的搗土棒當然也不錯，若是能用圓木會更好，細的那一頭挖洞，再用粗的那一頭來搗實地面。

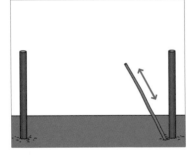

3 另一側的母柱也用相同方式立好、將洞口地面搗實。

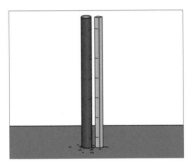

4 製作標示有胴緣位置的「基準棒」。並在母柱上按照「基準棒」的刻度做上記號。

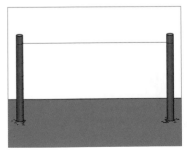

5 在預定的竹籬高度上拉出水線。

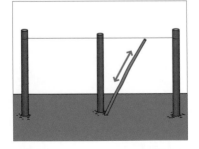

6 立間柱時，要先找出兩側母柱的中心點，在水線往後退一些、預留出立子厚度所需空間的位置上挖豎立間柱用的洞。立好間柱，並將地面搗實。

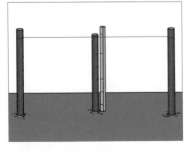

7 與步驟4相同，在另一根母柱與間柱上標出胴緣的位置記號。

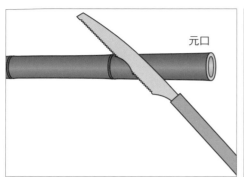

元口
粗
細

Point
斜切竹子元口時，要先確定竹子有平直擺好。

注意

為了鼓勵活用竹節長且粗的部分，本書均在元口進行節止切割。不過在日本造園技術檢定測驗中，在竹子較細的一端做節止切割才是正確答案，請多加注意。

⑧ 預先選出6根彎曲較少、可以做為胴緣使用的唐竹。配合母柱的弧度輪廓，將竹子較粗一端元口的竹節斜切掉。

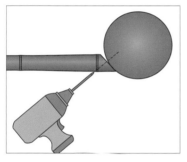

Point
將胴緣架上母柱的方法可分為正式與簡式。這裡介紹簡式做法，將竹材斜切、再以釘子固定在母柱上。正式做法則是，在母柱上開出榫眼，再將胴緣插入榫眼中。正式做法的固定方式更牢靠，除了架設唐竹（胴緣）外，在母柱上架設木條也可用此方法（參照第54頁步驟8）。

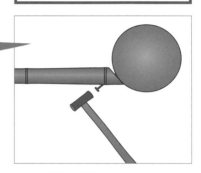

⑨ 在左邊母柱的最上根胴緣位置的裡側，用電鑽或錐子傾斜地鑽出釘孔。

⑩ 釘入釘子。

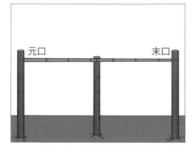
元口　　　　　　　末口

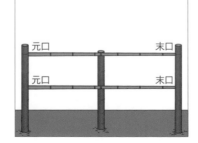
元口　　　　　　　末口
元口　　　　　　　末口

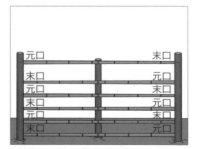
元口　　　　　　　末口
末口　　　　　　　元口
元口　　　　　　　末口
末口　　　　　　　元口
元口　　　　　　　末口
末口　　　　　　　元口

⑪ 胴緣在一側的母柱、與間柱上也都以釘子固定好。

⑫ 第3根胴緣也跟最上面的第1根相同，讓竹材的元口與左邊的母柱結合。

⑬ 固定好第1、第3根胴緣後，再以同樣方式架上第5根胴緣。接下來架第2、第4、第6根胴緣時，則是與1、3、5根相反方向，讓元口與右邊的母柱結合。

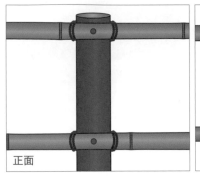

正面

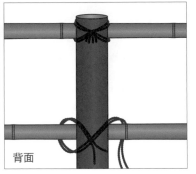

背面

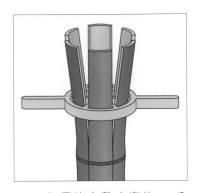

14 在間柱釘孔附近，將染繩從間柱背面套上，防止釘子脫落。

間柱背面看起來如同圖示。

15 如果沒有整束寬約3.5公分、長約1.8公尺，成束的山割竹可用（參閱194頁），可自行把竹幹剖開、切割好之後，再製作立子。製作立子前，太過彎曲或是顏色不好的竹材都要先挑掉。

16 從左邊的母柱開始垂直架上立子（上圖為從竹籬背面看過去的樣子）。

Point

立子的下端如圖示一樣，直接插入地面、或是抵在差石上或無目板上的做法都有。

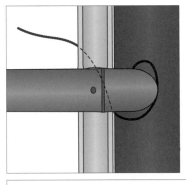

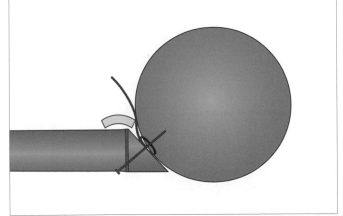

17 在從上面算下來第3根胴緣的元口綁上繩子。

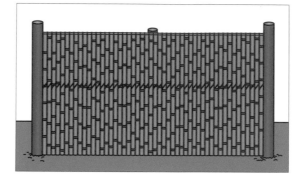

18 開始繫上綁繩。繩子要一根一根、上下相對地纏繞好立子。此外，立子的竹節與竹節要相互錯開。

19 綁繩作業完成。

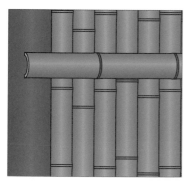

20 因為必須配合母柱的弧度輪廓切割押緣，這裡先把押緣用的竹材放到母柱上實際比對，找到適合的切割方式。

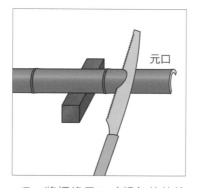

21 將押緣元口（粗）的竹節部分斜切。另一端末口（細）以同樣方式配合另一側母柱的弧度進行切割。

22 將染繩先泡水備用。

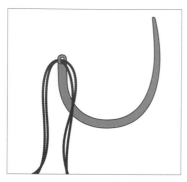

23 將兩股染繩一起穿過剜刀型勾針的針孔。

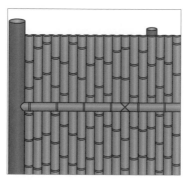

24 首先在第3根胴緣的位置覆蓋一支押緣，並從中央位置上開始繫染繩。

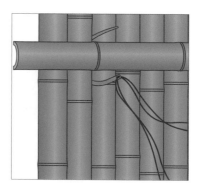

25 綁染繩時，勾針從綁上染繩的立子右下方穿過。

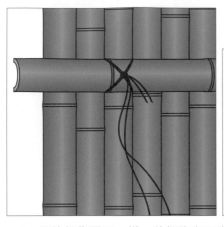

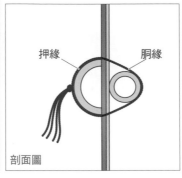

押緣　　　胴緣

剖面圖

26 用染繩像圖示一樣，將押緣和胴緣繫起來。

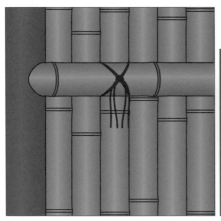

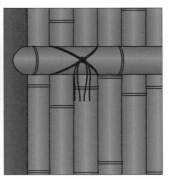

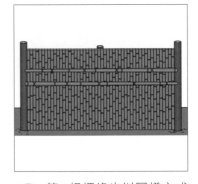

27 從第3根押緣元口（粗）側、母柱算起的第3根立子的位置繫上染繩。如果押緣比較粗的話，也可以將兩根立子合起來一起綁染繩。

28 第2根押緣也以同樣方式繫上染繩。不過第2、4、6根押緣的元口與右邊母柱固定，所以要從右邊母柱算起。

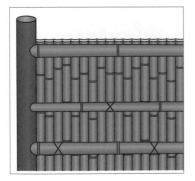

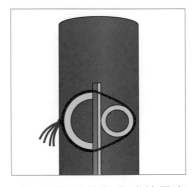

玉緣

笠竹

押緣

胴緣

29 第2根以下的押緣綁染繩作業都完成了之後，再架上最上端的第1根押緣。

30 用繩子打個臨時結固定（上圖為剖面圖）。（譯注：一般臨時固定用的結，可在最後綁好繩結步驟34後，視其視覺效果決定是否移除。）

31 準備粗細可以完整包覆住胴緣與押緣的笠竹，以便覆蓋在竹籬的最上端，做為最後的修整。

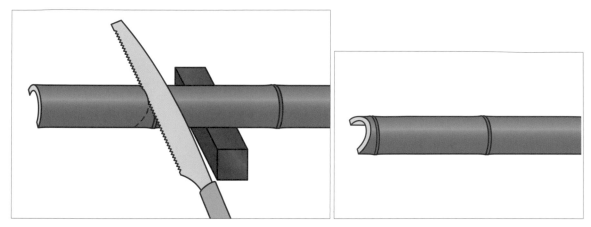

32 笠竹的兩端要配合母柱的弧度輪廓稍微斜切,讓笠竹可與母柱契合。這裡示範斜切笠竹左端。

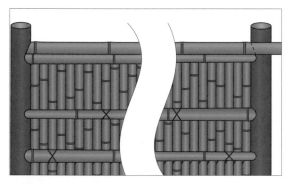

33 笠竹與左側的母柱調整契合後,再切割與右側母柱相接的一端。

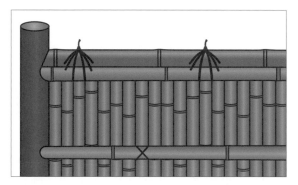

34 在包覆了胴緣、押緣和笠竹的整個玉緣上,綁上裝飾的繩結(綁法參照第37～38頁)。

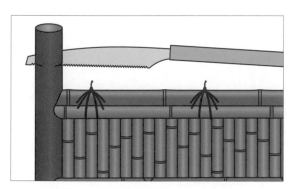

35 若母柱太長,最後再將多餘長度鋸除。

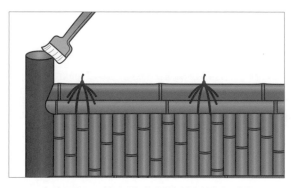

36 在木頭切口塗上防腐劑等塗料就完成了。

建仁寺籬（行）

接在「真」型建仁寺籬之後，再來介紹另一種也是很常見的建仁寺籬型式。與「真」型建仁寺籬相較，因為未覆蓋修飾竹籬頂端的玉緣，所以給人清爽簡潔的視覺印象。製作方式雖然與「真」型建仁寺籬有很多相同的地方，但因為屬於「行」的美學風格，所以製作時可多發揮個人創意，增添竹籬的趣味巧思。

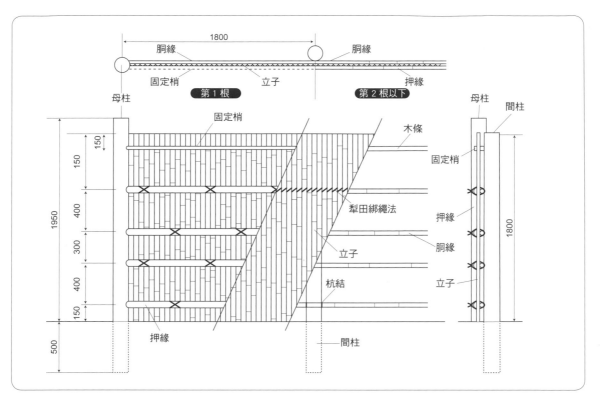

頂端水平切齊是「行」型建仁寺籬的重點

「真」型建仁寺籬會在頂端架上押緣固定，相較之下，「行」型建仁寺籬的**垂直編材立子頂端不使用玉緣，而是將立子頂端水平切齊，這是一大特徵。**比起用來做為區隔內外的外部圍籬，這種型式的竹籬更常被用來做為用地內的空間隔間或袖籬之用。押緣之間的間隔長度都可以試著加以變化調配。上圖是押緣間隔長度不等的變化型。相對於「行」型建仁寺籬的頂端水平切齊，「草」型建仁寺籬則是會將立子的頂端故意處理得參差不齊。

為了將立子的頂端水平切齊，一般**會如上圖所示，在竹籬上端架上固定梢**，或是把第1根押緣架在比較高的位置上，也是一種方法。固定梢除了用細竹材（曬乾的竹竿等）剖半做成之外，也有用一整根較細的竹子（川竹）、或是將兩根合起來做成固定梢的情形。不過，還是使用與立子相同的切割竹材最適合。

如果竹籬上端的胴緣使用唐竹的話，也可用染繩穿過立子之間，將固定梢綁在胴緣上。基本原則是，得使**用比胴緣細的竹料做為固定梢**。隨著固定梢的位置不同，竹籬的完成效果也會產生微妙的差異。

這裡，要介紹是竹籬兩面都排列立子的做法。

「行」型建仁寺籬的製作流程

① 在地面挖出立母柱的洞，並用搗土棒將洞口周圍地面搗實。

② 另一側的母柱也以同樣的方式固定、將地面搗實。

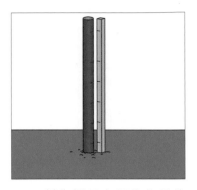

③ 製作標示有胴緣位置的「基準棒」，並在母柱上按照「基準棒」做上記號。

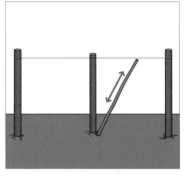

④ 在正確的竹籬高度處拉上水線，並在左右兩側的母柱中央豎立間柱，並將地面搗實（參照第46頁步驟6）。

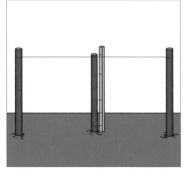

⑤ 與步驟3相同，在右邊的母柱與間柱做上胴緣位置的記號。到這裡步驟與「真」型建仁寺籬相同。

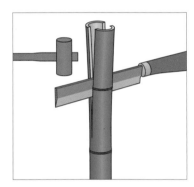

⑥ 將修整竹籬表面用的押緣竹材對半剖開。

⑦ 將上一個步驟的押緣再對半剖開成1/4備用。

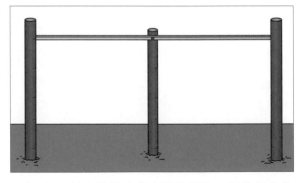

⑧ 在母柱上端將木條水平地釘上，間柱與木條銜接的地方也同樣用釘子固定好。

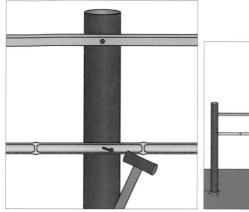

9 在木條下方架設押緣。押緣與母柱相接的元口（粗）記得要斜切竹節的前端。然後與固定木條時一樣，押緣也要用釘子固定在間柱上（如上圖）。

Part
2
竹
籬
製
作
方
法

Point

在切割押緣等竹材時，一定要切得比實際所需長度稍長。因為用鋸刀斜切後的押緣，還需配合柱子的弧度輪廓用小刀加以修整，若不先預留長度，有可能最後修整完的竹材長度會短於竹籬的寬度。

此外，在切割末口（細）前，應先將元口端配合柱子的弧度輪廓切割。修整完成。或是反過來做，先進行末口端連接母柱的節止切割，配合柱子將末口切割修整完成後，再切割元口端。

10 依序將第3、第4、第5根押緣裝上、固定好。

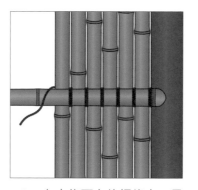

11 在木條下方的押緣上，用犁田綁法從背面將立子連續穿綁好。

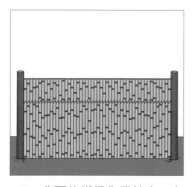

12 背面的綁繩作業結束。上圖是從背面看整個竹籬的樣子，連續穿綁繩子的地方會呈現右上斜向左下的平行斜線。

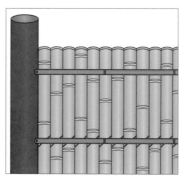

13 將竹材切割成1.5公分寬的細條，做為隱竹備用。

14 第1根隱竹要架在背面、緊鄰木條的下方，並在母柱與間柱上打上釘子固定。從第2根隱竹開始，則是貼合背面押緣的位置架設。

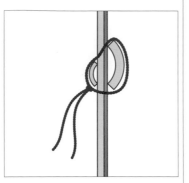
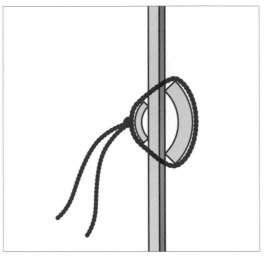

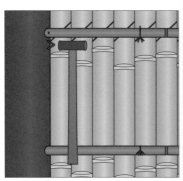

15 釘在背面的第2根隱竹、與正面的押緣，以勾針打上輕鬆的臨時結（如上圖），其餘的隱竹則要牢牢地用繩結固定（如右圖）。

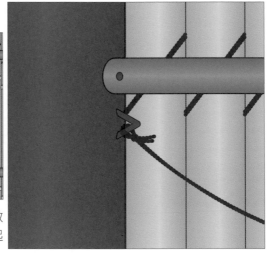

16 如上圖的位置，在母柱打入曲釘，做為接下來犁田綁法固定正面立子的起點，並在曲釘綁上繩子。

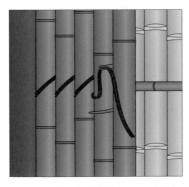

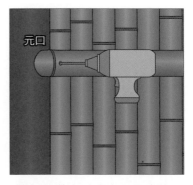

17 在第2根隱竹上，利用勾針以犁田綁法將正面立子逐一綁紮固定（犁田綁法請參照第41頁）。

18 正面的立子架設完成。

19 接著在正面立子露出綁繩的地方覆上押緣。先配合左側母柱的弧度輪廓，將押緣元口（粗）斜切，並以電鑽鑽出釘孔。

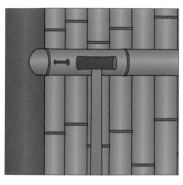 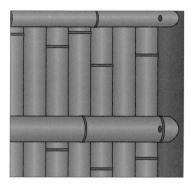 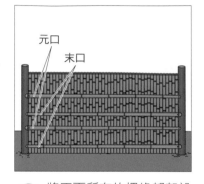

20 用釘子將押緣固定到母柱上。先調整固定好左側元口與母柱的接合處，再做右側末口（細）。

21 下一根押緣，改為元口與右側母柱相接。

22 將正面所有的押緣都架設好，形成第2、4根押緣元口與左側母柱相接，第3、5根押緣末口與左側母柱相接的配置方式。

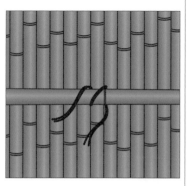 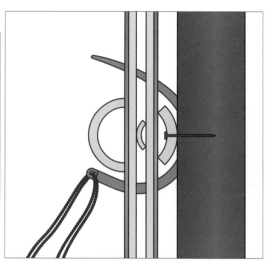

23 從正面看，染繩隨勾針穿過立子與立子之間，依序將背面押緣、立子、隱竹、和正面立子、押緣（如右圖）整個像上圖一樣穿繞。

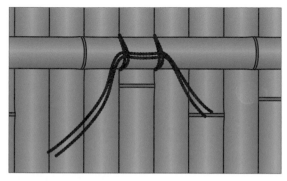 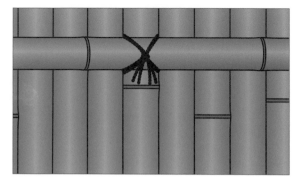

24 從背面看，染繩如兩條垂直線。這時，先由另一個人站在竹籬背面，用另一條染繩穿過這兩條染繩的下方。

25 在背面將垂直的兩條染繩打結固定好，剪去多餘的染繩。

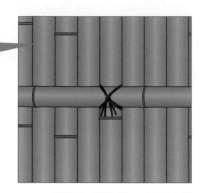

Point

這個步驟由站在竹籬前後的兩個人，互相出聲通知應和、同時控制繩子的鬆緊和位置，作業起來會比較順暢。

26 正面拉緊染繩，確實地綁上同樣的繩結，並剪去多餘的部分。

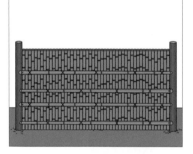

27 整個竹籬重複步驟23～26的方式，完成綁染繩作業。（綁染繩的位置可參考步驟29的分布方式）

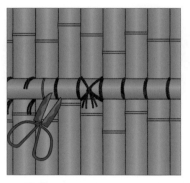

28 用剪刀剪去還留在背面押緣上的臨時結。

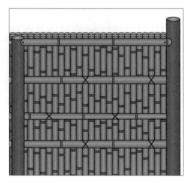

29 背面露出的木條，覆蓋押緣做修飾。

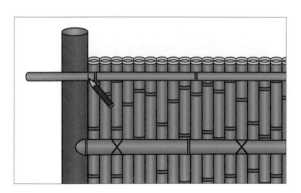

30 正面上端木條的位置上，則是架上固定稍。首先，將竹材切割成2公分寬左右、用來做固定稍的細竹條。在木條位置上架上固定稍後，在符合竹籬寬度的地方做上記號，切除掉過長的竹條。

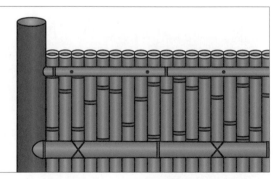

31 用電鑽開釘孔，將竹籬正面的固定稍用釘子固定到竹籬背面的木條上（上圖紅色記號的位置）。也有用繩子穿過竹材之間，將正面的固定稍與背面的押緣綁在一起的固定方式。母柱若是太長，可以在這個階段切割為適當長度。竹籬完成。

使用4根押緣的建仁寺籬。京都南禪寺附近。

使用5根押緣的標準型建仁寺籬。

低矮的建仁寺籬較為罕見。

清水籬

使用整根細竹子做為立子的清水籬,雖然與建仁寺籬非常相近,但因為使用的竹材較細、整體上無厚重感,給人一種輕盈高雅的印象。製作方式與建仁寺籬相似的地方也很多,因此如果已經熟悉了建仁寺籬的製作方式,清水籬製作起來也不會太困難。

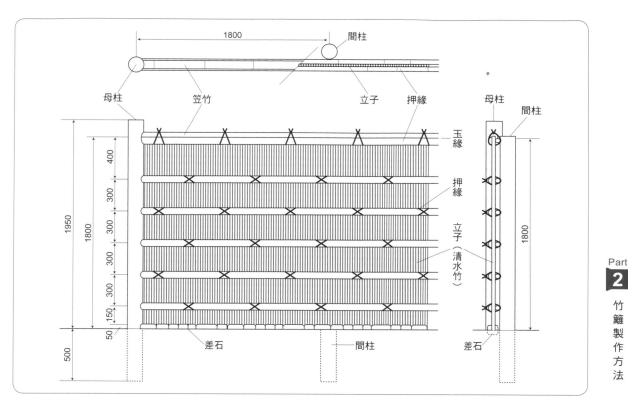

図中標示：
1800　間柱

母柱　笠竹　立子　押緣　母柱　間柱

玉緣　押緣　立子（清水竹）

400　300　300　300　300　150　50　1950　1800　500

差石　間柱　差石

使用整根細竹子做為立子，
押緣從正反兩側加以固定

這是與建仁寺籬非常相似的竹籬，製作技法也可比照建仁寺籬。二者最大的不同在於，清水籬的立子使用的是整根、未剖開的細竹子。而且，也不使用胴緣，而是直接用押緣從正面或背面加以固定的竹籬構造。換句話說，清水籬的表裡都相同，是**不分正反面的竹籬**。

在母柱與母柱之間，用剖半的押緣來取代胴緣，將押緣內側朝向竹籬正面架設，接著倚著押緣立上立子。**因為立子很細，如果用太粗的押緣會破壞整體的平衡感**。選用5公分寬左右的整根竹子剖半做為押緣使用，會比較適合。除了用唐竹做押緣外，也有用與立子相同的細竹做為押緣的情形。

需要注意的是，因為立子的竹材細，所以較為脆弱，若直接插入地面很容易腐朽受損。因此在清水籬的下方一定要放置差石或是無目板。

原本，只有使用川竹製作的竹籬才稱為「清水籬」，現在則是將以細竹曝曬加工成的竹竿所製作的竹籬也稱為「清水籬」。使用唐竹做為立子的竹籬為了方便起見，大多也都被歸類為「清水籬」了。

此外，用曬過的竹竿製成的清水籬對於風雨日曬的抵抗力很弱，因而容易孳生黴菌，所以通常會在竹籬上加蓋個小屋頂、或是將其架設在屋簷下。

清水籬的製作步驟

1 先將母柱烤製過，去除掉黑炭的部分。在地面挖出洞口、立上母柱，以搗土棒將洞口地面搗實。

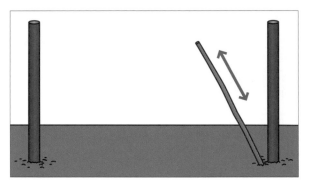

2 另一側的母柱也以相同方式固定、將洞口地面搗實。

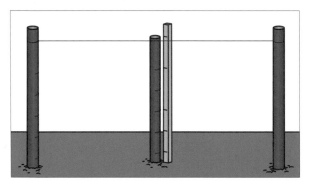

3 製作標示有押緣位置的「基準棒」。並在左側母柱上按照「基準棒」的刻度做上記號。拉上水線並在母柱中間立上間柱，右側母柱與間柱也同樣按照基準棒標示押緣的位置記號（參照第46頁步驟6）。

4 將做為押緣使用的竹材對半剖開。到此步驟為止都與製作建仁寺籬時相同。

5 架設押緣時，竹材內側要朝向竹籬正面。

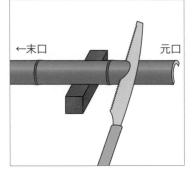

6 將押緣元口（粗）端的竹節部分配合母柱的弧度輪廓斜切。

←末口　　　　元口→

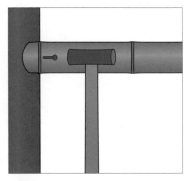

7 在元口端用電鑽打出釘孔，用釘子將押緣固定到母柱上。

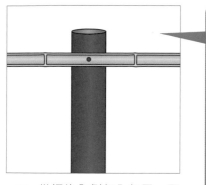

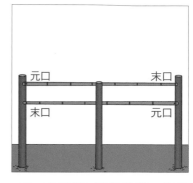

Point

將押緣用釘子固定到間柱上時,因為是從剖開的竹材內側入釘,使用鐵鎚時要注意不要損傷竹材。
此外,為了固定釘子在最後使用「釘鎚」等工具也可以,不過若是施力過大就會造成竹材的損傷,請多加留意。

⑧ 從押緣內側釘入釘子、固定到間柱上。

⑨ 設置第2根押緣時,元口（粗）與末口（細）要與第1根竹材相反方向。

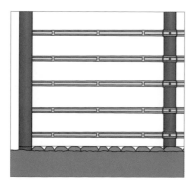

⑩ 背面的押緣架設完成（上圖是從背面看的示意圖）。

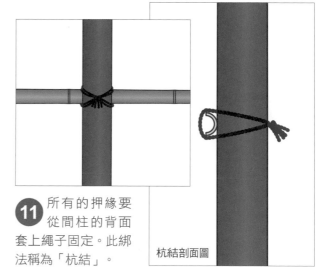

⑪ 所有的押緣要從間柱的背面套上繩子固定。此綁法稱為「杭結」。

杭結剖面圖

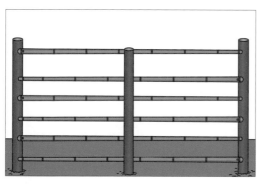

⑫ 在竹籬的下方挖洞,放置差石。

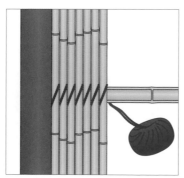

⑬ 配合竹籬高度切割好做為立子的清水竹。然後在從上面算下來第3根押緣背面的一端綁上繩子,以一繩貫穿的犁田綁法將立子纏綁在第3根押緣上,暫時固定好立子。

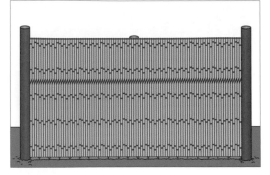

14 以犁田綁法暫時固定立子的作業完成。
上圖是從背面看起來的樣子，正面看起來應如步驟22圖。

Point

● 清水竹、竹竿、川竹等女竹類加工過的細竹材，其材質特別柔軟，因此在使用鋸子時，最好能夠選用截竹鋸刀。
● 採犁田綁法的繩頭，一般多是在竹子的前端綁結，有的則是在母柱上打上曲釘、再綁繩結。還有一種做法是，把繩頭綁在固定押緣的釘子上，也就是將押緣用釘子固定到母柱上時，不把釘子全部打入，而是讓釘頭稍微凸出，然後把繩子綁在釘頭上，不過這種方式容易讓押緣搖晃，最好避免使用。

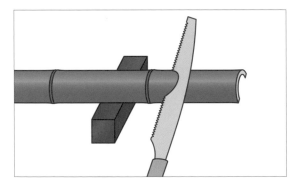

15 將正面的押緣元口（粗）加以斜切。

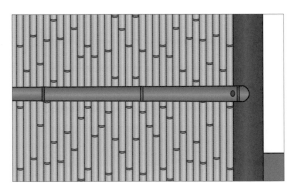

16 架設從上面算下來第4根的押緣，在右側母柱打上釘子固定。

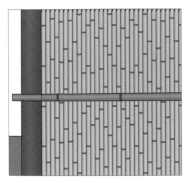

17 末口（細）端須配合母柱的弧度輪廓加以裁切修整。

Point

注意不要將竹材切得太短。確實地與母柱契合，切到正確的長度。

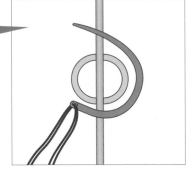

18 從立子之間穿入勾針，將正、反面的押緣一起綁上繩結。

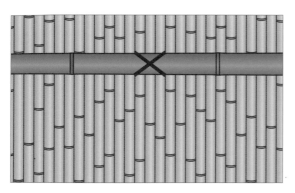

19 清水竹的立子很細，因此綁繩時最好以3根為一個單位。

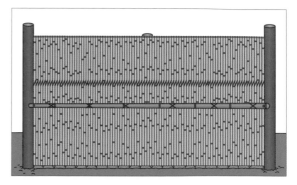

20 從上面算下來第4根押緣的綁繩作業完成。綁繩的配置方式參考上圖、或第60頁作品照片。

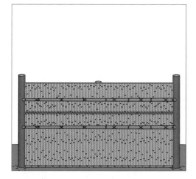

21 接下來，從上面算下來第2根押緣也以同樣的方式完成綁繩作業。

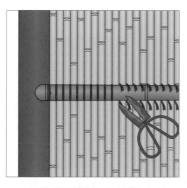

22 將背面押緣上的暫時固定用的繩結剪掉，去除繩子。

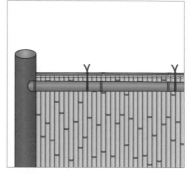

23 接著在步驟22剪除繩結的位置架上押緣、綁上繩結。下端的第5、第6根押緣也用同樣的方式設置好、綁上繩結。最後如上圖，頂端的押緣用臨時結暫時固定。

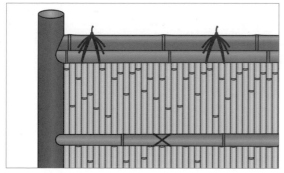

24 在竹籬頂端蓋上笠竹，用繩子綁出玉緣的裝飾結（綁法參照第37～38頁）。

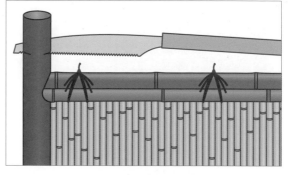

25 若母柱太長，最後將母柱切短為適當高度。在母柱上塗上防腐劑就大功告成了。

遮蔽型竹籬 Style ❹

御簾籬

御簾籬是將整根細竹排列成像是簾子一樣的竹籬（日文御簾〔Misu-Gaki〕
籬也稱為簾〔Sudare〕籬）。此種竹籬形式是模仿過去身分高貴的階級，
用來區隔室內外或室內空間的簾子。經常被用來做通路小徑與庭園之間
的區隔，或是做為袖籬（詳見第171頁說明）使用。不過依據製作材料不
同，也有許多將御簾籬運用在西式庭園的例子，這是非常有格調且瀟灑
趣味的竹籬形式。

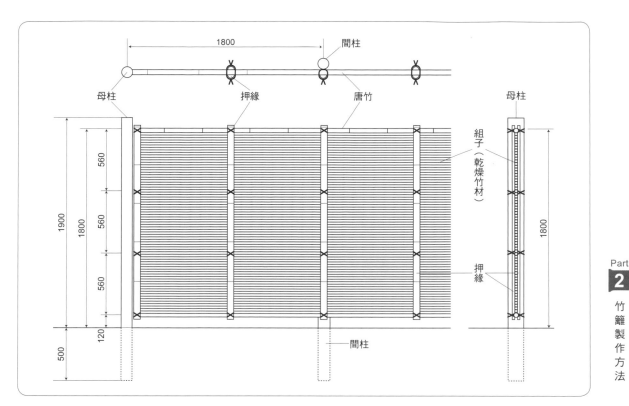

図中標示：
1800　間柱
母柱　押緣　唐竹　母柱
560
560
1900　1800　560
560
120
500
組子（乾燥竹材）
押緣
1800
間柱

將竹子排列整齊，使橫向組子呈水平狀，是訣竅所在

御簾籬最大特色就是不使用胴緣做水平固定，而是將乾燥的組子**橫向排列。押緣則是縱向直立，與組子恰好形成反向垂直的排列方式**。整個竹籬就像簾子一樣，視線可約略穿透，但又具有遮蔽的功能。

竹材水平排列的整齊程度是此種竹籬美觀與否的關鍵。因此製作時，一邊旋轉調整竹材、一邊確認竹籬整體是否美觀，乃是訣竅所在。繩結方面，基本上會如上圖，在4～5個地方綁上繩結固定。

此外，**垂直的押緣也是御簾籬可觀賞之處**。押緣如同上圖所示，將粗約6公分左右的整根竹子剖半使用，從正面

與背面兩側確實地將竹材固定。因此，在同一位置上表、裡相對的**押緣竹材，使用同一支竹子比較好**。也有將與組子相同的乾燥竹材兩根綁在一起，做為押緣使用的例子。

御簾籬整個組子都是使用較細的乾燥竹材製作，或像上圖那樣，在竹籬頂端及底端使用較粗的唐竹這兩種形式。另外，也有將組子的一部分替換為燒杉板的應用變化型（譯注：傳統日式建材，將杉木板表面燒製炭化的木材）。

雖然御簾籬基本上多是使用乾燥的竹材，若是能像左頁照片使用唐竹做為組子的話，竹籬會更牢固，這樣一來，運用在面積寬廣的場所也不成問題。

御簾籬的製作流程

1 烤製母柱,除去表面焦黑的地方(參照第46頁步驟1)。

2 在母柱上配合組子的高度做上記號。

3 利用電鑽等工具,在母柱上開出要插入組子的溝槽,溝槽要配合組子的寬度。通常約為2～2.5公分。

4 用平鑿刀削掉溝槽內的木材。另一根母柱上也用同樣方式處理。

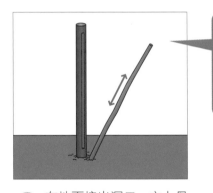

5 在地面挖出洞口、立上母柱,以搗土棒將洞口周圍地面搗實。

Point

立母柱時,要讓左右兩邊母柱有溝槽的一側確實相對。

6 左右兩側立上母柱並拉上水線。立上間柱、架上暫時固定的竹材(立間柱的做法,參照第46頁步驟2～5)。

7 利用圓鑿刀將溝槽頂端加大,鑿出可以插入唐竹的洞口。

元口

8 插入唐竹。

9 將唐竹的元口（粗）確實地插入左邊的母柱。末口（細）端留下插入右邊母柱所需的長度，裁掉多餘的部分。

10 調整唐竹將其插入右邊母柱。

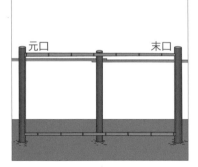

11 竹籬下方也用同樣的方式，利用圓鑿刀將溝槽尾端鑿大一些，插入唐竹。

12 用釘子將唐竹固定在兩邊的母柱上。再一邊確認唐竹保持水平，一邊用釘子將唐竹固定在間柱上。然後移開暫時固定的竹材。

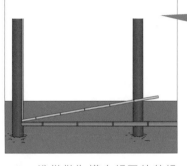

13 準備做為橫向組子的乾燥竹材，從左邊母柱下方開始，將乾燥竹材插入溝槽裡。

Point

若遇乾燥竹材太粗無法順利插入溝槽的狀況，可用截竹斧等工具，斜切竹材後再插入。不過，經過此一削除作業的竹子插入溝槽後便無法旋轉調整，一定要先確認竹材是否已呈水平再行削除。

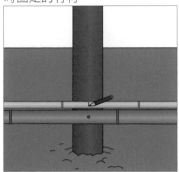

14 插入母柱的乾燥竹材，要在間柱處切割並與間柱固定。先用紅色鉛筆做上記號再裁切。

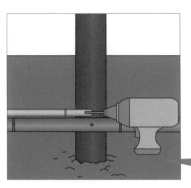

15 轉動調整確認竹材呈水平後，再用電鑽在竹材上開出釘孔。

Point

先確認乾燥竹材是否已經確實插入母柱溝槽中，然後再行切割。

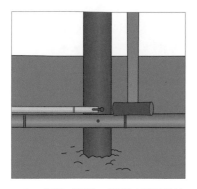

16 打入釘子，將竹材與間柱固定好。乾燥竹材因為比較細，用力過大可能造成竹材破裂，要特別注意。

17 上圖是從正面看過去竹籬所呈現的樣子。

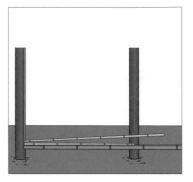

18 往上依序架上組子。務必記得要將上下相鄰竹材的元、末口端交錯擺放。

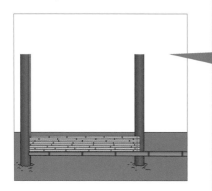

19 以元、末口粗細交錯的方式層疊組子，以維持竹籬的水平，而不會一邊高一邊低。

Point

若是組子表面不平整，在釘入釘子前先轉動調整組子，盡可能使其平整。不過若組子前端在插入溝槽時，先經過削除作業便無法轉動調整了，此點要多加留意。

20 左邊的組子架設完畢。

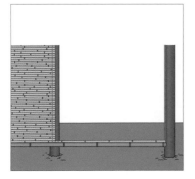

21 開始架設右邊的組子。作業手法與順序與左側相同。

22 所有的組子架設完畢。

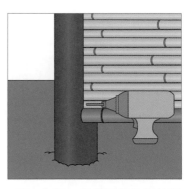

23 在每一根組子插入母柱溝槽的地方以電鑽開出釘孔。

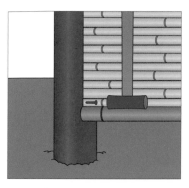
24 將釘子傾斜地釘入組子。

25 將直徑約5～6公分左右的竹子對半剖開，準備做直立押緣用的竹材。

26 在押緣末口端，切割掉竹節前的部分。

27 製作能夠正確測量押緣長度的「基準棒」。將押緣比對「基準棒」的長度，切割押緣的元口端。

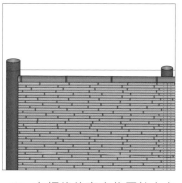
28 在押緣的高度位置拉上水線，做為基準線。

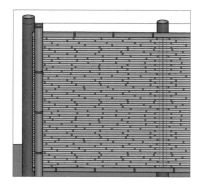
29 將押緣的元口（粗）朝上、立在母柱旁比對，確認與水線的高度吻合。

30 為使押緣能夠與最上端較粗的唐竹緊密貼合，需要配合唐竹弧度削除押緣。首先，在押緣上畫出符合唐竹弧度的記號。

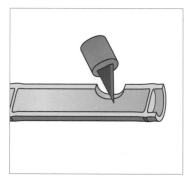
31 配合步驟30所畫的記號，用切出小刀等工具削切押緣。

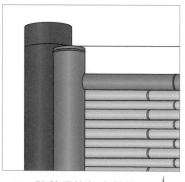
32 貼著母柱架上押緣。

Point
若是母柱有凸出的部分，也需要配合母柱的弧度來削切押緣。

71

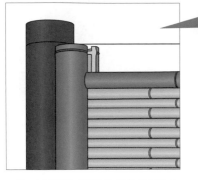

33 背面的押緣也用同樣的方式貼著母柱架設好。

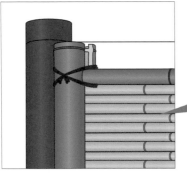

35 在上方的唐竹上綁上繩結。此處綁疣結固定就可以了（疣結綁法請參照第35頁）。

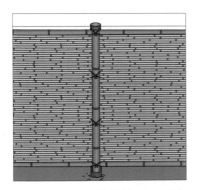

37 背面有間柱的地方，要在正面的間柱位置架上押緣。母柱與間柱間也要像母柱旁一樣在正面與背面的同一位置都架上押緣。

Point

為求能夠確實地固定組子表面，表裡相對的押緣盡可能使用同一根竹子比較好。

Point

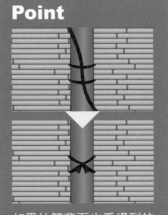

如果竹籬背面也看得到的話，綁繩結時要往背面多繞一圈，使背面形成兩條平行的染繩。然後再由站在竹籬背後的人，將另一條染繩縱向穿過兩條平行繩（如上方圖），分別站在竹籬正面、和背面的人互相出聲配合、調整鬆緊度，綁上繩結。如此一來除了間柱以外，所有押緣上的繩結就不會有表裡之分了。

Point

在母柱旁與間柱的位置都要架上押緣，這是為了隱藏組子編材插入母柱的部分、以及在間柱上固定竹子的釘子。其餘的押緣可以如同本書一樣架設在母柱與間柱之間，將母柱與間柱距離分成三等分、架上兩支押緣。

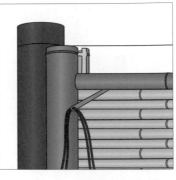

34 使用直針牽引染繩穿過竹籬。

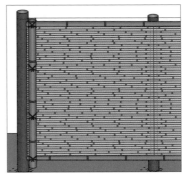

36 用同樣的方法在下方的唐竹與押緣之間綁上染繩。

Point

為了隱藏組子插入母柱及間柱的部分，在其上一定會蓋上押緣。其他的押緣如本書所示，在母柱與間柱間架設2根，將表面平均分成三分。

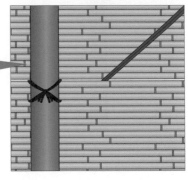

38 用起釘器等工具調整竹籬，讓組子表面平整。竹籬完成。

押緣與押緣之間的距離較寬。使用唐竹做為組子。京都市。

竹籬上方架上木板，是罕見的御簾籬形式。
東京都世田谷區。

以御簾籬做為枯山水的背景。吉河功設計。千葉縣。

遮蔽型竹籬 Style ❺
大津籬

大津籬將竹材縱橫交錯排列組合，編織出獨特的圖樣。此種竹籬的起源，有一說是出於江戶時代滋賀大津（今滋賀縣大津市）的街道而得名。因為是以編織竹材方式完成的竹籬，因此又名「編竹籬」。大津籬是將竹材以直角交錯的方式排列而成，另一種將竹材以斜角交錯組合的形式，則稱為「沼津籬」。

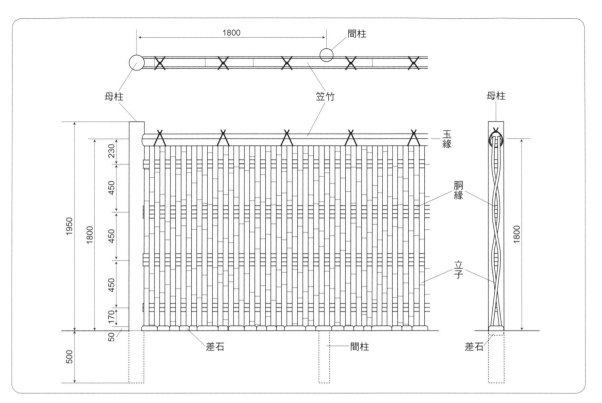

圖中標示：1800、間柱、母柱、笠竹、玉緣、胴緣、立子、母柱、1950、1800、230、450、450、450、170、50、500、差石、間柱、差石

不使用綁繩，將竹材交互編織

大津籬的基本製作方式，是將竹材表裡交錯編織而成。不使用綁繩固定，從正面看不到間柱為其特徵。大津籬也有用川竹來製作，但標準型式，還是以**剛竹切割成厚度2.5～3公分左右的竹材製作成的**。

大津籬需要以較長的竹子做為胴緣，常見的胴緣做法，**是將直徑較粗的竹子以一定的寬幅剖開成細條使用**。

大津籬的胴緣使用方式可以區分為兩種。其中一種如上圖，為胴緣外露可見的製作方式。為了增加美觀，由上而下的胴緣數分別以2支、3支、3支、2支的變化方式來編製。另外一種則是**以押緣來隱藏胴緣**。此外也有並用這兩種

方式來編製大津籬的做法。若是竹籬高度較高時，竹籬表面容易因交疊編織而膨脹凹凸不平，建議以使用押緣的形式為佳。

胴緣從母柱開始編織立子，但**竹籬下方不能直接插入地面，一定要使用差石或無目板**。差石要盡可能選擇側面與上面平整者，以無間隙的方式擺放。編織方式如上圖，標準型式是以完整一根竹子製作，但若胴緣與間柱互相牴觸的話就無法順利編織立子，因此要在全部的立子編織完成後，再以釘具固定間柱。竹籬頂端則務必架上玉緣固定。

大津籬的製作流程

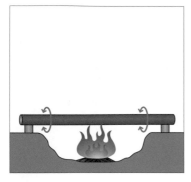

1 烤製圓柱，除去表面焦黑的地方（參照第46頁步驟1）。

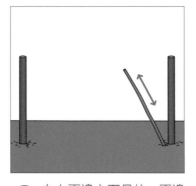

2 左右兩邊立下母柱，兩邊的柱口各自以搗土棒將洞口周圍地面搗實。也用相同的方式立好間柱（參照第46頁步驟2～3）。

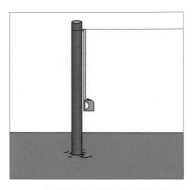

3 在母柱與母柱之間拉好水線。並在母柱與間柱上做上胴緣位置記號（參照第46頁步驟5～7）。

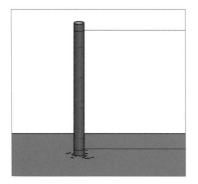

4 母柱下端，也在差石的高度上拉好水線。

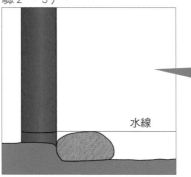

5 從母柱側挖土，擺放差石。差石之間要盡可能無空隙地配置。

Point

做為差石使用的石頭通常為卵石，最好挑選兩邊及上面平滑的。在這裡也可使用花崗岩切鑿的石頭。

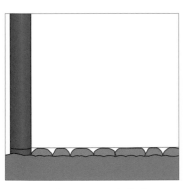

6 完成擺放差石的作業。

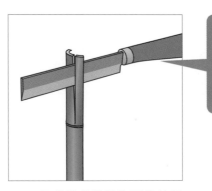

7 用截竹斧將做為胴緣使用的竹材，切割成2.5～3公分寬的細竹片。

Point

使用愈薄的竹片做為胴緣，愈能夠完成沒有間隙且美觀的大津籬。

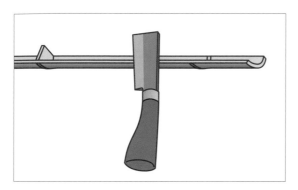

8 用截竹斧將竹材內側的竹節清除乾淨。

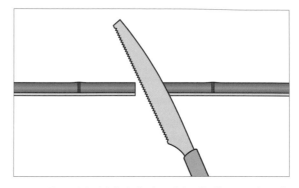

9 將胴緣切割成比左右兩側母柱的間隔略長些的長度。

10 在母柱上配合胴緣的竹材寬度，鑿出插入胴緣用的洞孔。

Point

架上胴緣時一定要像這樣先在母柱上鑿洞。

11 在左側母柱預鑿的孔洞中插入胴緣。

稍微彎曲

12 稍微彎曲地，將步驟9已經切割成略長的竹材另一端也插入另一側母柱的洞孔中。

13 若有些胴緣竹材不夠長，需要連接時，可將2段胴緣竹材重疊，在間柱上綁上暫時固定的繩結。

14 在母柱插入胴緣的地方用電鑽鑿釘孔，再打入釘子固定好。

Point

要在竹子上釘釘子時，就算沒有特別說明也一定要先用電鑽或鑽子鑿釘孔後，再打入釘子。此外，在柱子上打釘時若是使用鐵鎚，可能會造成柱子的損傷。此時可以使用小釘錘等工具。

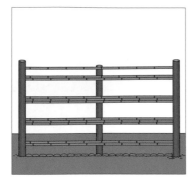

15 架上所有胴緣。

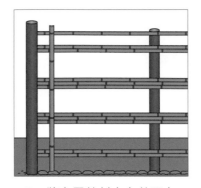

16 將立子竹材立在差石上，立子的長度要略高於第1根胴緣，確認後裁切掉過長的部分。以此立子的長度為基準，切割其他的竹材。

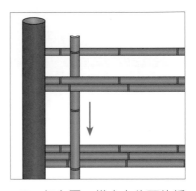

17 如上圖一樣由上往下的編法，將立子交錯穿過胴緣。

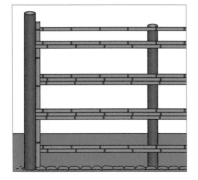

18 第1支編好的立子會如上圖一樣，並且緊靠左側母柱。

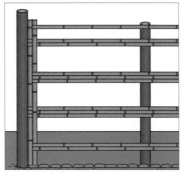

19 第2根立子要以重疊方式與第1根相反的方式編入。

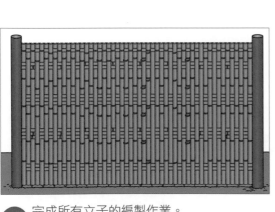

20 完成所有立子的編製作業。

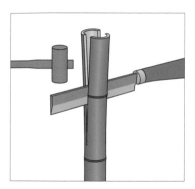

21 將竹材對半剖開，準備做為竹籬頂端的押緣與笠竹之用。

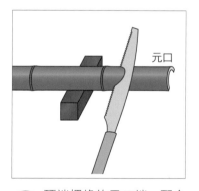

元口

22 頂端押緣的元口端，配合母柱的弧度加以斜切。留意，切口必須在竹節之前。

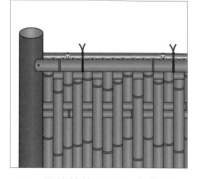

23 從竹籬的正面、和背面一起架上押緣，綁上暫時固定的繩結。

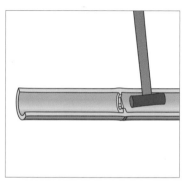

24 先清除笠竹內的竹節。（編按：笠竹為竹籬頂端覆蓋押緣的竹材；玉緣包括了笠竹和頂端押緣。）

Point
因為是覆蓋用，竹節沒有清除乾淨也沒關係。

25 笠竹與母柱相接的地方，配合母柱弧度加以斜切。

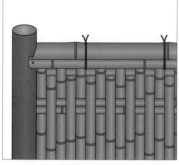

26 將笠竹架在竹籬頂端。笠竹連同押緣綁上暫時固定的繩結。

Point
在竹籬頂端架上押緣、及覆蓋笠竹做為玉緣的這個方式與建仁寺籬相同。不過，玉緣並非建仁寺籬非具備不可的元素，但在大津籬上，由於編織竹材的頂端並未固定而顯得凌亂，所以架上玉緣是一定必要的。

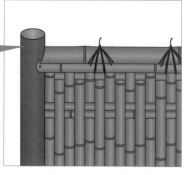

27 在玉緣上綁上裝飾繩結，竹籬完成（裝飾繩結的綁法請參照第37～38頁）。

以4段胴緣與立子編製的大津籬。千葉縣市原市。

鐵砲籬

鐵砲籬是將立子交錯地立在竹籬正面和背面。除了間柱的部分外，是不分正反的竹籬。鐵砲籬大多是做為袖籬使用，雖然都是使用一整根竹子做為立子，但隨著竹子粗細的差異，呈現出的風味也有所不同。其中，使用非常粗圓的整根竹材所製作的鐵砲籬特別被稱為「大竹鐵砲籬」，在京都的南禪寺本坊等地可以看到這樣的作品。

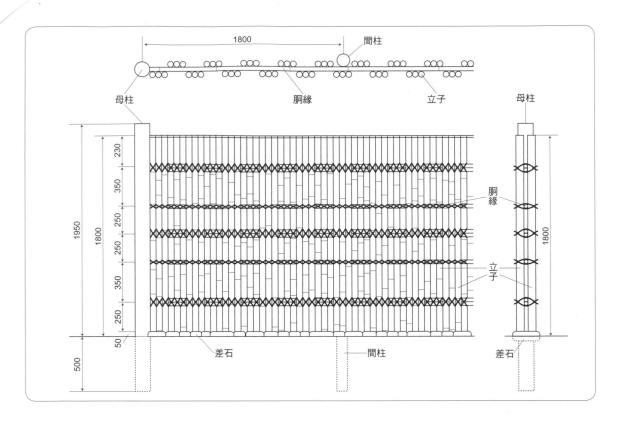

間柱

1800

母柱 胴緣 立子 母柱

230
350
250
250
350
250
50
500
1950
1800
1800

胴緣

立子

差石 間柱 差石

竹籬整體僅用繩結固定，所以綁結的技巧非常重要

鐵砲籬的特色在於，立在正面與背面的竹材排列時要稍微地錯開。從斜角看過去，要能隱約看得到竹籬背後的景象。**正面與背面立子的排列位置非常重要，正面和背面竹材以一半左右重疊，是效果比較好的排列方式。竹材位置在綁上繩結的階段就要加以調節。**

綁繩結的技巧在鐵砲籬上非常重要。將立子以正面→背面交互設置在胴緣上的技法，稱為「鐵砲工法」。由於**立子僅以繩索固定，因此繩結要綁得非常牢靠才行。**

立子的做法，從單支竹材到複數竹材為一組的方式都有。通常以3支竹材為一組的方式為最多。此外，還有利用竹穗、女竹、萩蒿草，或是將釣樟（Lindera umbellata Thunb）的樹枝綁成一束做為立子來製作鐵砲籬的例子。此外也有使用細圓木做為立子的鐵砲籬。

在架設立子之前要**先確認數量，再開始組裝。**所需的胴緣支數會因為立子的粗細而有所不同，所以架上1～2支**胴緣的情況都有。**架上胴緣時，先在母柱上鑿孔洞，插入胴緣時要微彎竹材、並確實地插至母柱孔洞底部，這一點很重要。鐵砲籬的特徵，雖然是在立子的頂端（末口）用節止方式切割成水平齊頭形狀，但偶爾也有立子頂端做成不等高、緩緩降低的形式。

鐵砲籬的製作流程

1 烤製粗圓柱，立下母柱。用搗土棒將柱口周圍地面搗實（參見第46頁步驟1）。

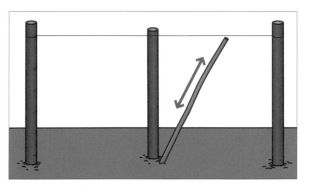

2 從左邊的母柱將水線拉到暫設的柱材上，然後配合水線高度立好右邊母柱。在兩邊母柱的中間立上間柱，間柱的位置要預先留出胴緣的厚度，稍微挪後一些（參見第46頁步驟2～6）。

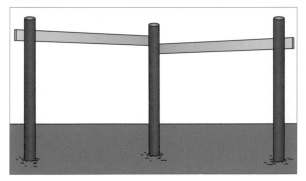

3 在保持母柱與間柱距離不走位之下，小心地將木板釘在母柱與間上固定好。

4 在左側母柱上標示胴緣架設位置的記號。右邊的母柱與間柱也同樣做上記號（參見第46頁步驟7）。

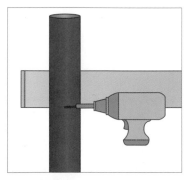

5 用鑽頭3公分左右的粗型電鑽在胴緣的位置上鑿插入胴緣的孔穴。

6 間柱上要插入胴緣元口（粗）的孔穴要稍微鑿深一點，如上圖的深度一般。

7 先準備好竹管較直的唐竹做為胴緣備用。剛剛鑿出的孔穴要配合胴緣元口和末口的粗細，細部再以圓鑿刀等工具修整。

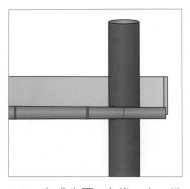

⑧ 將胴緣元口確實插入到底。

⑨ 完成步驟8之後,末口端配合右邊母柱的位置,預留一點長度後加以切割。並比照步驟5～7,在右邊母柱上鑿孔穴。

⑩ 稍微彎曲竹材、將其插入母柱。要確實地將胴緣插入孔穴到底。

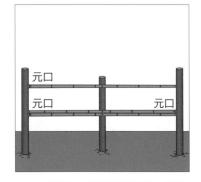

⑪ 在兩側母柱與胴緣的接合處先用電鑽鑿釘孔,再釘上釘子固定。

⑫ 確認胴緣呈水平後,也在間柱上釘上釘子固定。

⑬ 母柱中間的胴緣以2根竹材為一組的方式插入母柱。2根竹材的元、末口要上下交錯,讓一組胴緣的粗細左右一致。此外也要注意2根竹材的竹節要錯落開來,外觀才不會呆板。

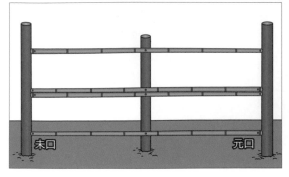

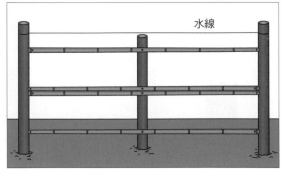

⑭ 竹籬最下方的胴緣以元口在右側的方式配置。

⑮ 在母柱之間拉出立子高度的水線,做為基準。

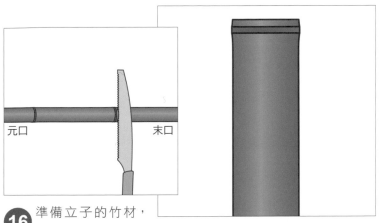

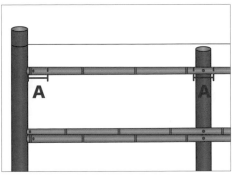

16 準備立子的竹材，這個範例使用的是較粗的唐竹，在末口（細）竹節前端（如右圖）切掉多餘的竹材。

元口　　　末口

17 製作測量立子高度的「基準棒」。將立子長度預留比基準棒稍長一些，然後在元口（粗）裁切竹材。

Point
若是會在竹籬下方放置差石，立子的長度就要完全按照基準棒正確地裁切，不需預留長度。

18 本範例的立子是以3根竹材為一組的做法。因此要準備粗細平均的3根竹材。

19 緊鄰左邊母柱與間柱中央，畫上3根一組的立子寬度A做記號。

A　　　A

Point
● 用完整一根竹子做為立子時，同一組的3根竹材都要先在末口竹節前端切割，也就是做節止切割（參見第43頁）。如此雖然會變得下粗上細，但所有的立子都能垂直排列整齊。竹材之間有空隙，之後會比較容易綁上繩結，所以若是竹材間有些間隙，也無須太過在意。
● 留意同一組立子的竹節要錯開，不要排成一直線。
● 間柱的位置要使用立在正面的立子來遮蔽間柱。

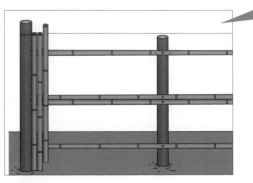

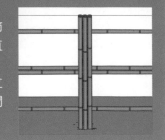

20 將立子用木槌打入。

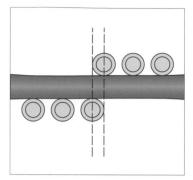

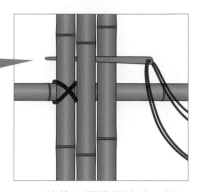

Point

若是重疊的部分超過半根竹管以上，就很難綁上繩節固定，所以說重疊半根左右的寬度最為理想。

21 立在竹籬背面的立子，要有半根竹管左右的寬度與正面的立子重疊。

22 竹籬正面綁繩結時，使用的是一般直線針。

Point

綁繩結時所使用的針，當手還能再竹籬背面回繞的時候，還是以一般直線針較為順手。

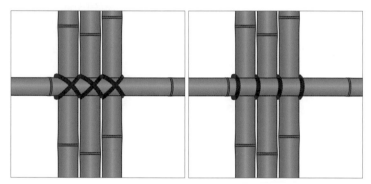

23 背面的繩結，有的會繞成「X」字型，也有繞成縱向的「二」字型。

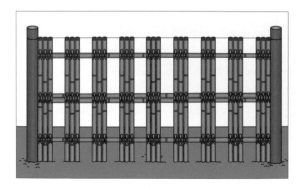

24 正面立子的繩結完成。

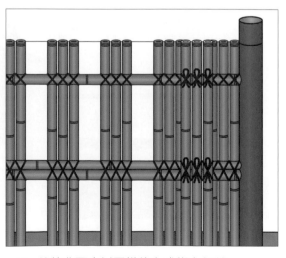

25 竹籬背面也以同樣的方式綁上繩結。

以白穗製作的鐵砲籬。靖國神社洗心亭。吉河功設計。

豪氣的鐵砲籬像是建物延伸出來的袖子，使用較粗的竹材
編製而成。

庭園露地的鐵炮籬。靖國神社靖泉亭。吉河
功設計。

遮蔽型竹籬 Style ❼
木賊籬

木賊籬的名稱容易讓人誤以為是由經常用在庭園設計中的木賊草（一種低矮的植物）製作成（譯注：木賊科木賊屬多年生草本植物，中文別名筆頭草、毛頭草、木則）。實際上，是因為完成後的成品看起來像木賊草莖排列整齊的樣子，所以才有這個名稱。像這種以剖開的竹子做為立子的排列工法，稱為「木賊工法」。編製木賊籬時大部分都是使用剖半的竹子。不過，也有極少數會使用完整竹材，這時若沒有選擇稍細的竹子，就會增加綁繩固定作業的難度，需多加注意。

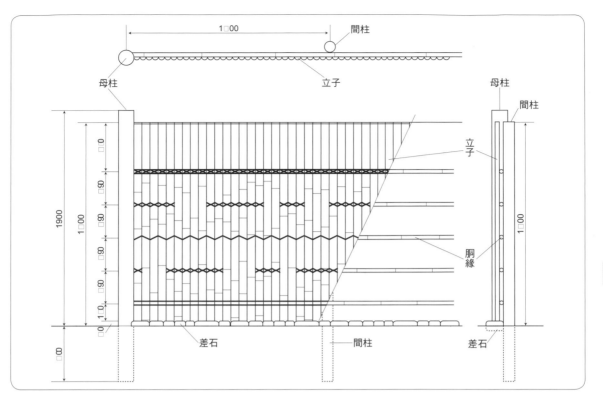

重點在於繩結綁法與竹節位置

　　將竹子垂直緊鄰排列的製作方式與建仁寺籬相同，但編製木賊籬時不使用押緣修整表面，而是以繩索固定竹材。

　　因為不使用押緣，在選擇剖開的竹材時必需留意不能使用彎曲、或是上下粗細差異大的竹材。此外在排列竹材時，若是未將竹子上下兩端交錯放置的話，因竹子兩端的粗細不同，就會無法平整地垂直排列。這一點跟建仁寺籬的立子排列式相同。

　　而**要表現出竹籬特有的美感，最大訣竅便是要將左右相鄰竹材的竹節分散、不規則地錯開**。將立子的竹節不規則地錯開固然已是編製竹籬的基本要點，但日文也將此種擺放方式稱為「木賊不規則擺放」（「木賊散らし」），由此可知竹節的位置對木賊籬有多重要了。

　　此外，木賊籬不使用押緣而是以染繩固定，而且**繩結綁法也是木賊籬值得賞玩之處**。像是一字結法、二字結法、之字結法，或上述結法的延伸綜合應用等，流傳有許多結繫繩索的方式。請多參考不同的綁法範例，這也是在編製竹籬時容易展現個人特色的部分。

　　綁繩位置關係著整體的平衡感，讓綁繩區隔出的立子上段看起來較下段長，看起來會比較沈穩。不過，若立子的上段因此容易散開的話，可以在竹籬頂端橫放一道胴緣加以固定，增加竹籬的穩定性。

木賊籬的製作流程

① 烤製粗圓柱，立下母柱（參照第46頁步驟1）。用搗土棒將柱口周圍地面搗實。

② 從左邊母柱拉水線到暫設的柱材上，再配合水線高度立好右邊母柱。在兩邊母柱中間立上間柱。間柱要預留出胴緣的厚度，較水線略為退後一些。

③ 在母柱與間柱做上胴緣位置的記號（參照第46頁步驟4）。

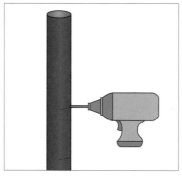

Point
胴緣原則上會使用整支竹材，盡可能選擇元、末口粗細一致。

④ 用電鑽在左右兩邊的母柱記號處鑽洞孔。

⑤ 挑選5支較直、少彎曲的唐竹做為胴緣。配合這5支胴緣的粗細用圓鑿刀將用電鑽開出的洞孔鑿成可插入胴緣的孔穴大小。

元口

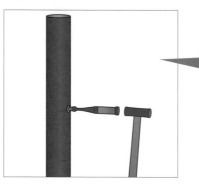

⑥ 將胴緣的元口（粗）確實地插入母柱。

⑦ 與右邊母柱接合時，胴緣要預留比母柱洞孔位置稍長的長度。

⑧ 略微彎曲胴緣，將其插入母柱的洞孔。

Point
- 在胴緣上開出釘釘子用的釘孔時，要先確認胴緣是否水平。若胴緣歪斜，需先旋轉調整，再以電鑽開出釘孔。
- 釘子要使用符合釘孔大小的尺寸。若是在小釘孔中釘入太粗的釘子，會對竹材造成損傷，請多加注意。

9 胴緣左右兩端與母柱接合的地方，從內側用電鑽開出釘孔後釘入釘子固定。

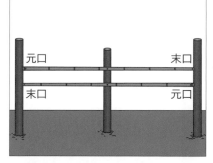

11 第2段胴緣元、末口的方向要與第1段相反。

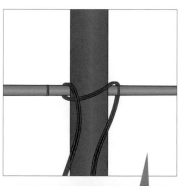

10 同樣在間柱開出釘孔後釘入釘子固定。

Point
在間柱打釘的地方從內側先綁上杭結（參照第63頁步驟11）固定會更好。

Point
差石大約一半要埋入地中，並確實將周圍地面搗實。若是差石高度不夠，也可用水泥沙漿等墊高固定。

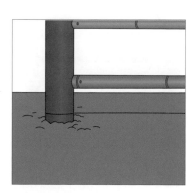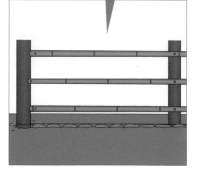

12 用同樣的方式架上第3至第5段的胴緣。

13 在竹籬底端拉水線，做為鋪設差石的高度基準。

14 挖開水線下方地面，將差石並列放入。差石頂部要盡可能呈水平狀。

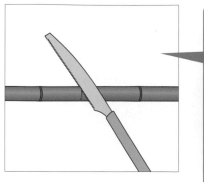

Point

製作立子時，注意立子上端必須用節止切割（參照第43頁），讓竹籬頂部整齊美觀。因此為了使立子不論是元、末口都能順利做節止切割，裁切竹材時需比預定的長度多預留一些。

15 在立子元、末口任一端的竹節前端切割，先裁割一定的長度。

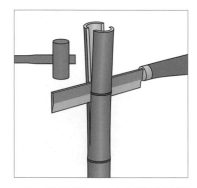

16 將步驟15的立子準確地對半剖開。

17 在竹籬頂端立子的高度位置上拉出水線。

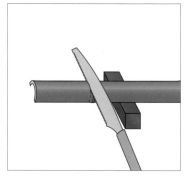

18 首先在竹材元口（粗）的竹節前端做節止切割。

19 將經節止切割的立子元口立在差石上量測高度，在上端的水線位置上做記號，再裁切出正確的長度。

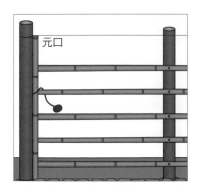

20 將立子上下顛倒回來，讓元口朝上、末口朝下，並在第2段的胴緣上綁上繩索。

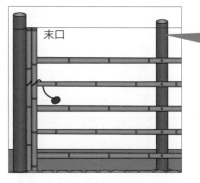

21 第2根立子則讓末口朝上。之後，立子便依序輪流在元、末口做節止切割，將竹材垂直排列整齊。排列時，即以犁田綁法陸續捆紮。（參照第41頁犁田綁法）

Point

若竹節凸出無法平整排列的話，可用切出小刀等工具稍微將竹節削平。

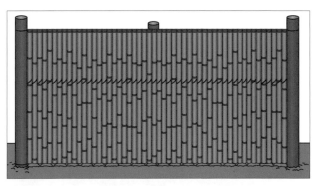

22 立子以犁田綁法固定完畢。

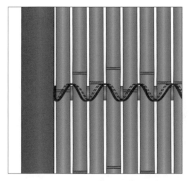

23 在中央（第三段）的胴緣上，用兩股染繩以「之」字型固定。

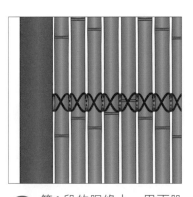

24 第1段的胴緣上，用兩股染繩以「X」字型固定（參照第86頁步驟23）。

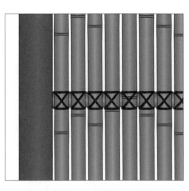

25 接續上個步驟，再將染繩以「二」字型綁在第1段胴緣上（參照本頁步驟26）。

26 在最下段的胴緣上，也用兩股染繩以「二」字型固定。

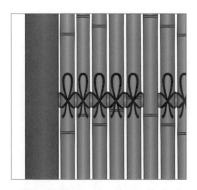

27 在第2、第4段胴緣上綁上疣結（別名男結，參照第35頁）。

立於庭園門扉左右，像是袖子一樣的木賊籬。

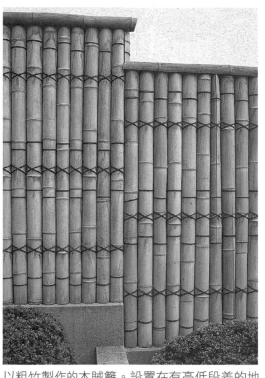

下方使用無目板的竹籬。山梨縣甲府市。

以粗竹製作的木賊籬。設置在有高低段差的地方。

近看繩結的部分。設置於千葉縣市原市的木賊籬。

竹穗籬

竹穗籬是一種以綁成一束的竹枝（穗）編製而成的竹籬形式。大致可分為使用較長的白穗（孟宗竹的竹枝）與較短的黑穗（烏竹的竹枝）兩種。竹穗籬有各式各樣不同的形式，這裡介紹最受歡迎的黑穗竹穗籬，其製作方法是將竹穗由下方開始縱向插入。

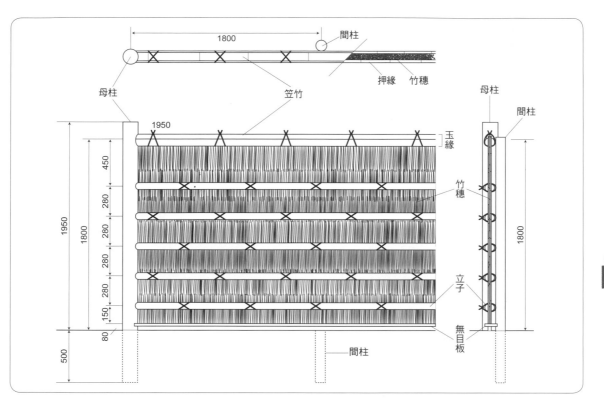

讓竹枝的密度平均分配

　　竹穗籬的特徵是竹籬正面和背面毫無差異，最常見的用途是拿來做為袖籬使用。

　　從製作方法上來說，**竹穗籬不使用胴緣，而是在竹穗的裡外兩側都押上押緣固定的構造。竹籬下方則架設無目板，讓立子不會直接碰觸到地面。**竹穗部分使用烏竹的竹枝，就如同次頁所示，從竹籬背面由下往上鋪設。竹籬下段即使從正面看去也非常明顯，所以務必將竹枝切成一定的長度後排列整齊，這是製作竹穗籬的重點所在。

　　此外，**將竹籬裡側的竹枝束盡量做薄一些，表面的竹枝就能鋪設出一定的厚度。**竹籬正面的竹枝量固然應該多於背面，但通常在還沒上手時又很容易過

量，而造成竹籬中間膨脹凸出，此點要特別加以留意。

　　為了要能夠確實地固定立子，高度180公分的竹籬可如上圖所示做成六段、甚至是七段押緣也無妨。從整體的平衡感考量，較長的黑穗固然適合用在上半部，但如果表面有空隙的話就會非常明顯，因此**在架上做為玉緣部分的押緣竹材後，可以從上方再補充竹枝，讓最上段的竹枝密度更厚實些。**接著再蓋上將竹材剖半的笠竹暫時固定，最後綁上繩結。

竹穗籬的製作流程

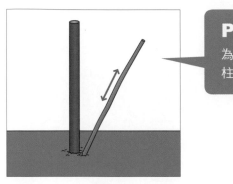

Point
為使押緣不會凸出於母柱，母柱要選擇較粗者。

1 起炭火烤製粗圓柱（參照第46頁步驟1）。在地上挖出立母柱的洞口，訂好高度後插入母柱，用搗土棒將柱口周圍地面搗實。

2 用同樣的方法立好另一側的母柱、並搗實地面。

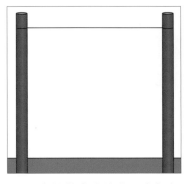

這一段的距離要比較寬

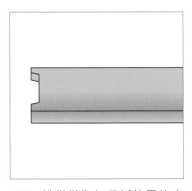

3 在竹籬高度的位置上拉好水線。

4 製作標示押緣位置的「基準棒」。在母柱上按照「基準棒」做上記號。

5 準備做為無目板使用的木板。配合左邊母柱下方的弧度，將木板左側如圖所示削出凹槽。

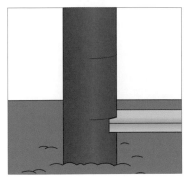

6 將無目板頂端與母柱最下方記號接合起來。

7 用水平器確認無目板是否呈水平。

8 在左側母柱上與無目板接合的地方畫出無目板的厚度。右側母柱也以同樣方法畫上線條記號。

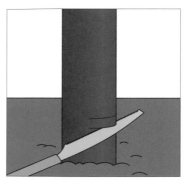

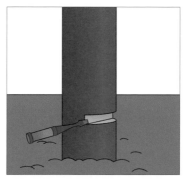

9 在母柱內側用來置入無目板的地方，用鋸子依標線鋸入。右側母柱也相同。

10 用平鑿刀將切入的部分鑿空。右側母柱也相同。

Point

無目板就算只是稍微長一點點，都會讓母柱間隔顯得不對勁，要特別注意。

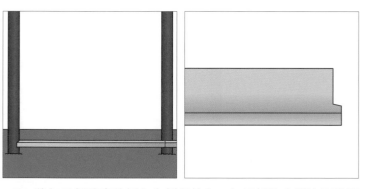

11 將無目板確實地插入左側母柱內。無目板的右側也同樣配合右側母柱凹槽做記號，如上圖一般切除多餘的部分。這樣的切法可以讓無目板從正面插入母柱，看起來會與左側母柱一致。

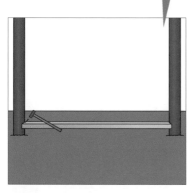

12 在左右邊開出釘孔，用釘子將無目板固定在母柱上。

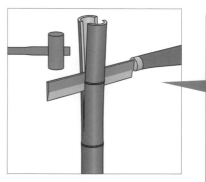

13 將竹材對半剖開做為押緣與笠竹使用。

Point

●押緣與笠竹的切割方法不同，請多加留意。切割押緣時，要將枝芽生長的部分擺向正面，用截竹斧剖開，正面看竹材才會平整。切割笠竹時，要將枝芽生長的部分擺放在側面，用截竹斧剖開，側面看竹材才會平整。詳細說明請參照第28頁。
●押緣要選用特別筆直且品質良好的竹材。

14 從竹籬背面上段開始架設押緣。

竹籬背面圖

15 架設押緣時，先將背面押緣的元口（粗端）做節止切割，並配合母柱弧度斜切。右側末口（細端）要比右側母柱再多留一點長度，切除其餘部分。

16 用電鑽傾斜地開出釘孔。

17 將押緣釘在母柱上固定好。

竹籬背面圖

18 第2段押緣的元口要與第1段相反方向，固定在右側。

竹籬正面圖

19 將背面的押緣全部架設完畢。

> **Point**
> 在這階段可將長、短竹枝區分出來。若竹枝上還有竹葉也要摘除掉。

20 製作立子時，為了去除竹尖與雜質，可取草蓆鋪在地上，取一定數量的竹枝用手掌往前後方向充分滾動。

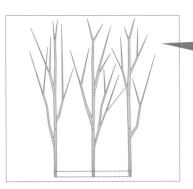

21 如圖所示，將竹枝元口（粗端）的竹節下方裁切成相同的長度。

> **Point**
>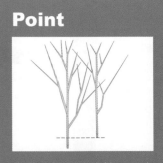
> 尤其是較長的竹枝，下方甚至要切除一個竹節的長度以配合較短的竹枝。竹枝的頂段部分則不加切割。

22 準備寬約 1.5 公分左右、做為隱竹用的竹材。

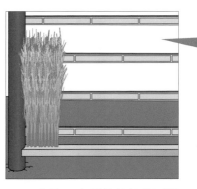

23 先取一定量的竹枝分別置於無目板上。

Part
2
竹籬製作方法

Point

- 此項作業由兩個人共同進行較為順暢,先由一個人整理好竹枝後再交給另一個人架設。此時遞交的竹枝分量一定要相同,如果分量不同,竹枝束的厚度會不一致。

- 留意,竹枝束要筆直擺放,不要傾斜。
- 將較粗的竹枝散置在竹枝束外側可看到的地方,會比較美觀。
- 此面為竹籬裡側,因此竹枝束不需太厚。

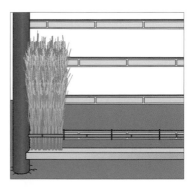

24 在內側押緣的位置架上隱竹、夾住竹枝。斟酌竹枝束的厚度綁上較鬆的繩結。

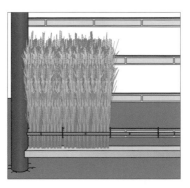

25 以同樣方式依序放入竹枝束,用隱竹加以固定。

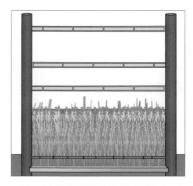

26 竹籬最下段的竹穗置入完成。

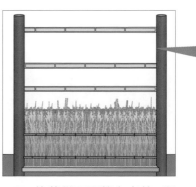

27 接著從下面算上來第2段內側的押緣位置架上隱竹,並綁上較鬆的繩結暫時固定。

Point

要留意竹籬整體的竹枝密度不能雜亂不均,不同位置的竹穗不能出現厚度與密度的差異。

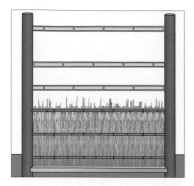

28 從下面算上來第3段內側的押緣位置，上也架上隱竹。

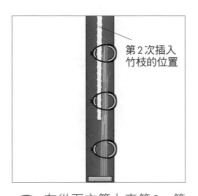

第2次插入竹枝的位置

29 在從下方算上來第2、第3根隱竹上，進行第2次插入竹枝。

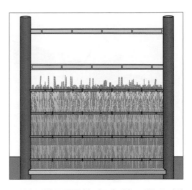

30 從下面算上來第4段內側的押緣位置架上隱竹，完成第2次插入竹枝的作業。

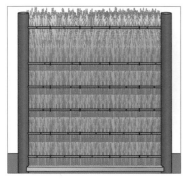

31 以同樣方式第3次插入竹枝、架上最上段的隱竹。竹籬表面插入竹枝的作業完成。

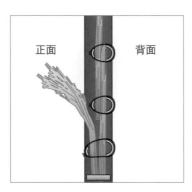

正面　　　　背面

32 下方隱竹暫時鬆綁固定的繩結，從正面將竹枝插入其中空隙後，再重新綁好繩結。

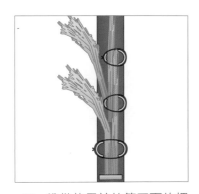

33 準備使用於竹籬正面的押緣，從下方中央部分開始綁上染繩，與背面的押緣固定在一起。由兩人一起進行此項作業，其中一人協助往竹籬裡側纏

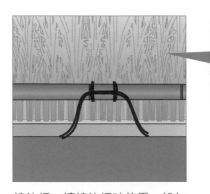

Point
染繩不能鬆垮，要確實地綁緊。

繞染繩。纏繞染繩時使用一般勾針。竹籬裡側會如上圖所示呈直立的「二」字型。站在竹籬裡側的人再將另一段染繩穿進直立二字中，向中間拉緊綁好。

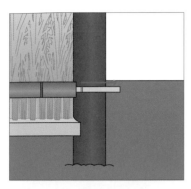

(34) 將綁在背面押緣上暫時固定隱竹的繩結切除，從母柱側將隱竹抽出。

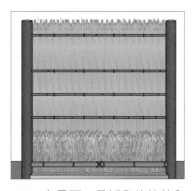

(35) 在最下一段插入的竹枝內側，插入第2段的竹枝。

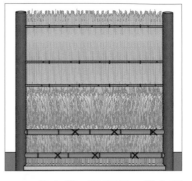

(36) 架上第2段押緣，綁上繩結。切除暫時固定隱竹用的繩結，抽出隱竹。

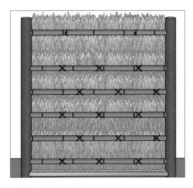

(37) 用同樣的方法將竹枝插滿到竹籬頂端，架上押緣。竹籬頂端因為還要蓋上笠竹所以先暫時以繩結固定。

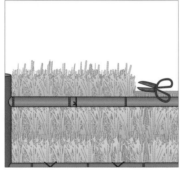

(38) 頂端竹枝預留超過押緣1公分左右的長度，以剪刀剪除多餘的部分。

Point

這裡介紹的雖然是在竹籬頂端架上玉緣的形式，但也有不使用玉緣、讓頂端竹枝自然散開且水平切齊的竹穗籬。

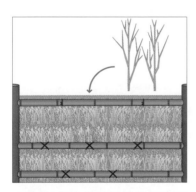

(39) 竹籬上段若是竹枝厚度不夠密實會容易穿透，這個階段可將步驟38所剪下來的竹枝，或是預備用的竹枝插入補充其厚度。

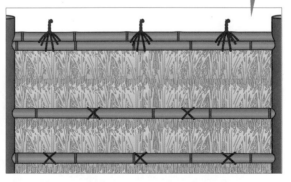

(40) 在竹籬頂端架上笠竹，整體玉緣繫上裝飾繩結（參照第37～38頁）。竹穗籬完成。

使用3段押緣的長型竹穗籬。京都。

刻意未將竹穗頂端修齊，營造出荒涼
粗曠的氣氛。京都。

連著屋頂的白穗袖籬，此種樣式很罕
見。東京都世田谷區。

為了避免雨淋而加上屋頂的竹穗籬。東京都新宿區。

架在石牆上的竹穗籬。東京都世田谷區私人宅邸。

架設在庭園小徑旁的低矮竹穗籬。岡山縣。

蓑籬

蓑籬因狀似做為雨具的蓑衣而得名。除了烏竹竹枝（黑穗）以外，也有
利用萩蒿草、雜樹枝等材料來製作。竹籬的下半部也可以搭配四目籬或
建仁寺籬，這種搭配其他竹籬的形式通稱為「半蓑」。蓑籬帶有難以言
喻的田園靜寂與質樸的味道，是常被做為袖籬使用的竹籬。

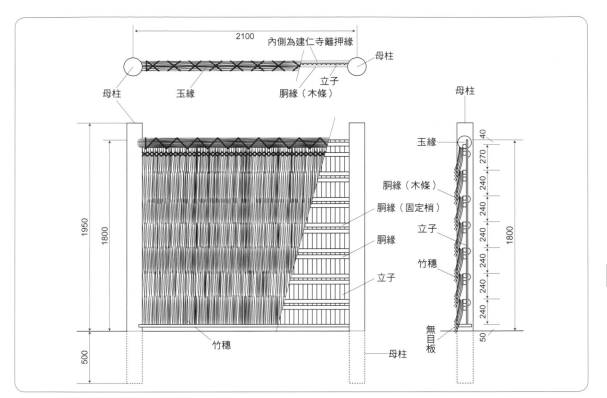

2100
內側為建仁寺籬押緣
母柱
母柱
玉緣
胴緣（木條）
立子
母柱
玉緣
胴緣（木條）
胴緣（固定梢）
胴緣
立子
竹穗
無目板
1950
1800
500
竹穗
母柱
40
270
240
240
240
240
240
240
1800
50

濃密的黑穗竹枝，凸顯出高雅的格調

竹穗籬是將竹穗頂端朝上，**蓑籬則是將烏竹竹穗頂端朝下垂墜的方式排列擺放**。

雖然也有竹籬兩面都排列竹枝的蓑籬，但多數蓑籬都只擺放單面，內側則搭配建仁寺籬。本書介紹單面竹枝的蓑籬製作方式。

蓑籬以2根木條做為胴緣橫跨竹籬。2根木條分別有不同的功能，**下方木條當做胴緣，上方當做固定梢**。不過，請注意此處的固定梢與一般架在竹籬上端的固定梢性質不同。（編按：此處的固定梢是用來支撐竹枝束，而非用來固定立子）

蓑籬使用的是竹枝前端，將其依照相同的粗細與長度捆紮成一束，再將竹枝束從胴緣下面的位置擺放。**事先把竹枝束整理好，在製作時會更有效率。竹枝束愈細緻愈顯得格調高雅，所以花愈多時間工夫，做出來的竹籬也愈美觀。**

竹枝束以兩股染繩交叉打出「X」型，並用犁田綁法固定。此時**將以繩結固定好的竹枝束，放在兩根一組的木條中，上方稍微超出做為固定梢的木條，再加以確實固定**。在竹籬上段重複這個作業架設竹枝束，最頂端再蓋上以竹枝束或是細竹包覆的玉緣增加整體的美感。

蓑籬的製作流程

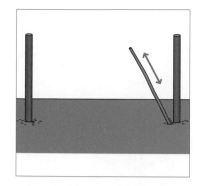

1 烤製圓柱做為母柱使用（參照第46頁步驟1）。立好左右兩側的母柱，用搗土棒將柱口周圍地面搗實。

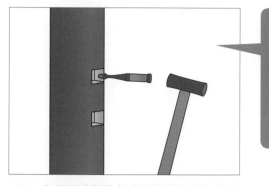

2 在鄰近建築物側的母柱做上胴緣位置的記號。拉好水線，在另一側的母柱上也同樣做上記號。用鑿刀在母柱上打出榫眼後，插入做為胴緣的木條。兩個榫眼的間隔距離為中心到中心約4～5公分。

Point 為使胴緣容易插入，其中一側母柱上的榫眼開得稍微深一點也無妨。

3 準備木條，將木條長度裁切得稍微比所需尺寸長一點，放入兩側的母柱榫眼中。並從內側開出釘孔、釘入釘子將木條固定。

4 全部胴緣的架設作業完成。

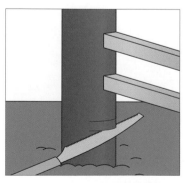

5 以鋸子在左右兩側母柱無目板位置的記號上切割。

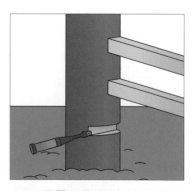

6 用鑿刀依照剛才切割的地方挖出凹槽。

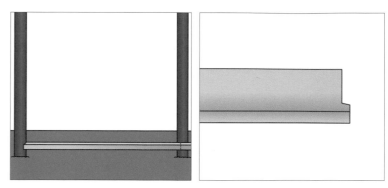

7 準備做為無目板使用的木板。配合左邊母柱下方的弧度，將木板左側如上圖削出凹槽。

8 將無目板確實地插入左側母柱內。無目板的右側也同樣配合右側母柱凹槽做記號，如上圖切除多餘的部分。採用這種切法就可以讓無目板從正面插入母柱的凹槽，且看起來會外觀會與左側母柱一致。

9 為了去除竹枝的尖端與雜屑，先將草蓆鋪在地上，取一定數量的竹枝用手掌前後方向充分滾動。

10 依據所需長度裁切竹穗。此範例的長度約48公分左右。竹籬最下段竹枝，則修剪成此長度的2/3長。

11 將一些切齊的竹穗捆為一束，用繩子或鐵絲捆紮固定。此時捆紮的竹穗束愈細，呈現出的格調愈高雅，完成的竹籬也會愈美觀。

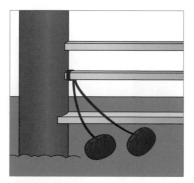

12 在竹籬最下方的木條綁上染繩。

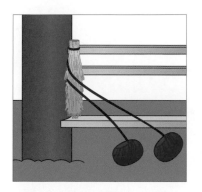

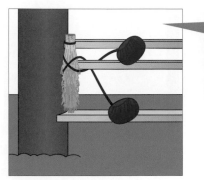

Point
竹穗束的頂端略微超出做
為固定梢的木條，更能夠
加以固定。

13 從竹籬下段開始，先擺放
較短的竹穗束。

14 竹穗束用兩股染繩繞出
「X」字型，以犁田綁法
固定（參照第56頁步驟17）。

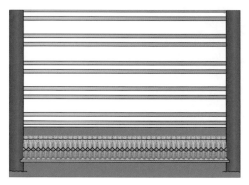

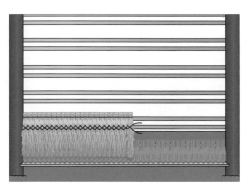

15 竹籬下端較短竹穗束的架設作業完
成。

16 從竹籬下方算起第2段，開始綁上較
長的竹穗束。

17 用同樣方式由下往上完成竹穗束的
架設作業。

18 本範例在竹籬內側搭配建
仁寺籬。此時需準備製作
建仁寺籬的立子，長度從無目
板至竹籬頂端。

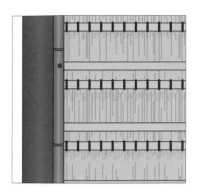

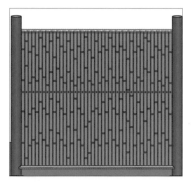

19 在竹籬內側開始架設立子。在從上算起第3或第4根胴緣上用電鑽開出釘孔，以釘子固定立子（上圖紅色記號的位置）。從第2根立子開始，將竹材元、末口上下交錯擺放。

20 竹籬內側的建仁寺籬立子架設完成。

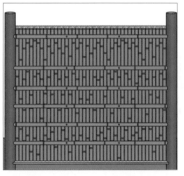

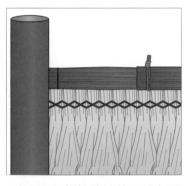

21 架上建仁寺籬的押緣（參照第49～50頁）。

22 用細樹枝將竹籬頂端包覆起來，以鐵絲暫時固定。

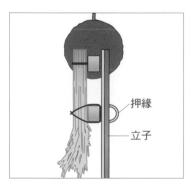

押緣

立子

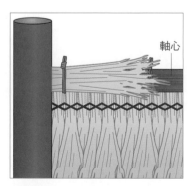

軸心

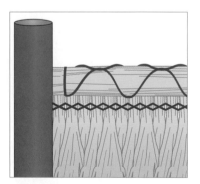

23 竹籬頂端全部包覆並以鐵絲固定後，這部分會成為後續包覆作業的軸心。

24 再將步驟23製作的軸心以竹枝包覆並用鐵絲暫時固定，一直包覆至右側母柱的位置。

25 用兩股染繩在玉緣（剛才包覆的部分）上綁繫裝飾繩結後就完成了。繩結可依個人喜好加以變化。

遮蔽型竹籬 Style ⑩
創作籬

創作籬是獨特的竹籬形式，由園藝師配合庭園需求創作，以嶄新形態呈現的竹籬總稱。此外也有根據製作者個人喜好而加以命名的情形。雖說創作籬皆為原創、沒有任何限制，但多數的實例中，創作籬屬於遮蔽型竹籬居多。

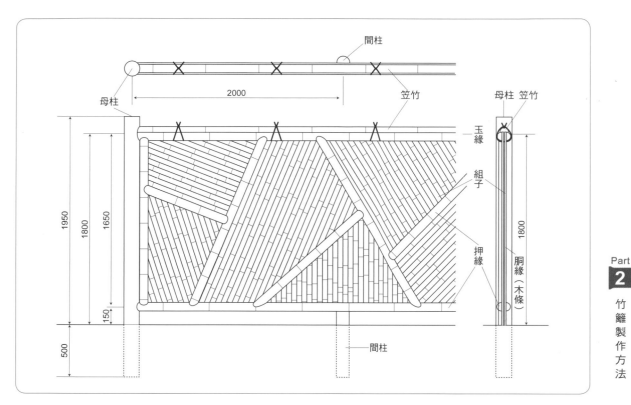

間柱

2000

母柱 笠竹

母柱 笠竹

玉緣

組子

1950
1800
1650
150
500

押緣

1800

胴緣（木條）

間柱

先用木條架出框架，再架上竹材

　　基本上創作籬大多應用建仁寺籬的製作方法，而**在立子上架上傾斜押緣的實例也很常見**。將下來將介紹這種典型的創作籬。

　　創作籬幾乎都是用木條取代做為胴緣的竹材，再將組子用釘子固定在做為胴緣的木條上。製作方法是先立好母柱或間柱，利用胴緣架出大框架，之後在柱子上釘上縱向的木條，接著在縱向木條的上下端架上橫向木條。依照設計圖完成框架後，在框架內斜放組子，並以釘子固定。

　　斜放的組子竹材，還是使用山割竹較多（譯注：山割竹是將剛竹切割成寬3.5公分左右、長1.8公尺左右的竹材。參照第194頁）。框架內部斜放

的木條，要與其他的組子固定，因此**先在木條中央畫上一條線，組子則依據中央線，固定在靠近木條側這一半的位置上**。原則上要從與木條同角度的組子開始架設。

　　組子基本上長度都不相同，要實際比對、配合所需長度做上記號後加以裁切。因為木條是斜放，因此竹材的切法也幾乎都要配合採用斜切。**切剩的竹材可以用在框架內的其他區域中**。

　　架設完組子後，架上押緣、綁上裝飾繩結就完成了。

創作籬的製作流程

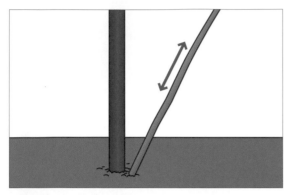

①　準備2根燒製好的圓柱（參照第46頁步驟1），挖洞立好母柱，以搗土棒將洞口周圍地面搗實。

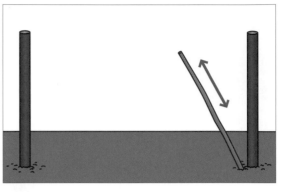

②　用同樣方式立好另一側的母柱及間柱。

③　利用捲尺等工具，在要架上胴緣的位置做上記號。將木條用釘子固定在母柱內側。右邊母柱也用同樣的方法釘好木條。

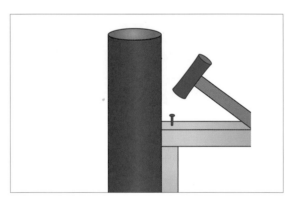

④　將橫向的胴緣，用釘子確實固定在縱向木條的頂端。

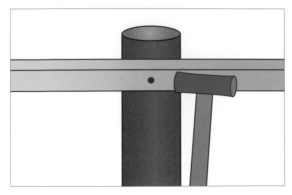

⑤　將胴緣用釘子固定在間柱上。務必先開出釘孔，再釘上釘子固定。

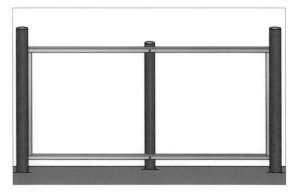

⑥　下面的胴緣也以同樣方法釘上釘子固定。

⑦ 依照設計，在上下兩端的木條做上記號。

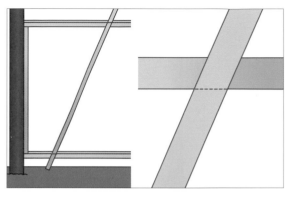

⑧ 將胴緣置於剛才在木條所做的記號上，如上圖畫出線條，正確地斜切。

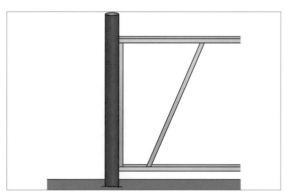

⑨ 將切好的木條放到預定位置上確認長度，若長度不合在這個階段就要微調。

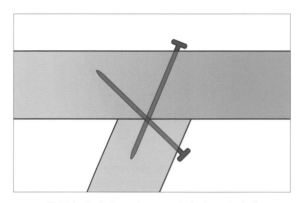

⑩ 從兩個方向釘入釘子，確實地固定木條。

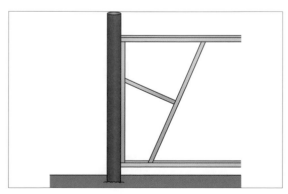

⑪ 依照設計架設好其他的木條。

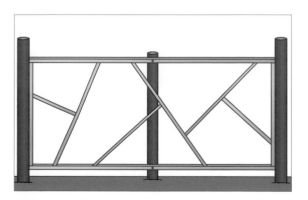

⑫ 完成所有框架內木條的架設作業。

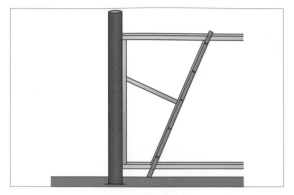

13 配合框架木條，開始架設組子。從最長的部分開始放上竹材，在要切割的地方畫線後加以斜切。

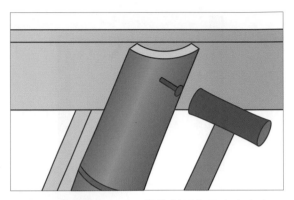

14 用電鑽開出釘孔，將竹材用釘子固定在上下端的胴緣上。

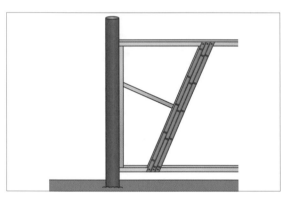

15 重複步驟13、14，架設長度較長區域的組子。

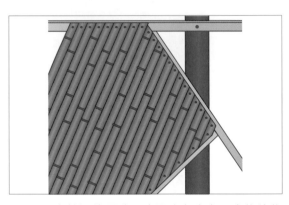

16 長度較短的區塊，也配合各自上下木條的位置做記號及切割，並用釘子固定好。

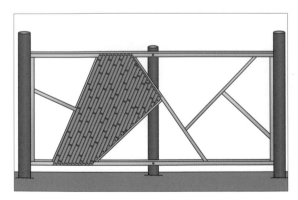

17 完成一個區塊的架設作業。

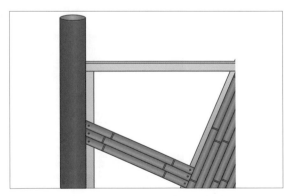

18 其他的區塊也用同樣方式進行架設。

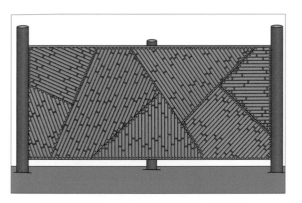

19 以同樣方法無間隙地架上所有的組子。

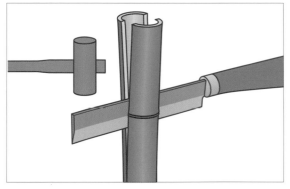

20 將竹子剖開做為押緣及笠竹用。

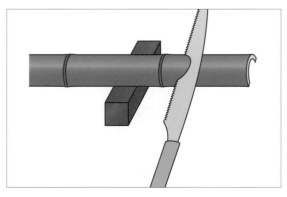

21 配合左邊母柱的弧度，在竹子元口竹節前進行斜切。

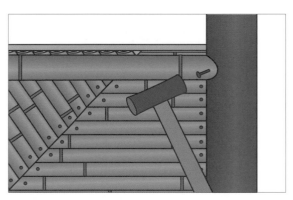

22 將左側元口架上母柱後，右側末口也配合母柱弧度切割，並釘上釘子固定。

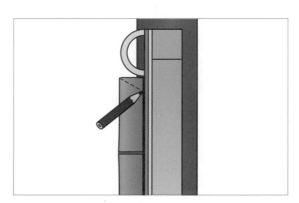

23 準備母柱側的縱向押緣，將其抵住上端押緣，配合其弧度畫線。

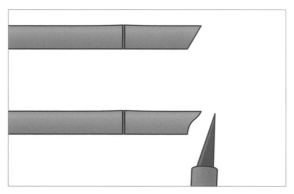

24 配合步驟23的記號線，用小刀加以削割。

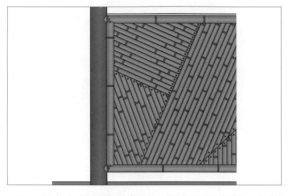

25 架上左側縱向的押緣、以釘子固定好。右側押緣也以同樣方式處理。

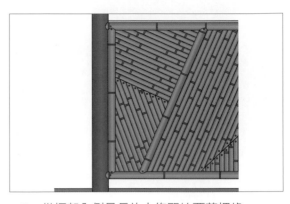

26 從框架內側最長的木條開始覆蓋押緣。

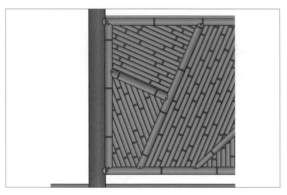

27 依序從最長的木條開始覆蓋押緣，最後覆蓋最短的木條，竹籬正面完成。

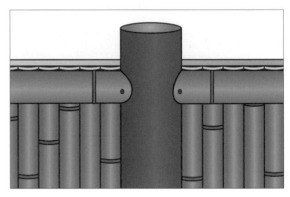

28 竹籬內側則採用建仁寺籬形式架上竹材，押緣則在間柱的地方裁切後以釘子固定。

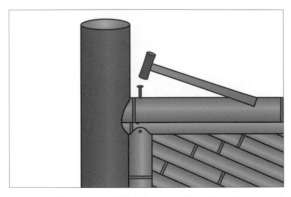

29 笠竹在元口稍微斜切，配合母柱的弧度加以削割，用釘子將笠竹固定在下方的木條上。

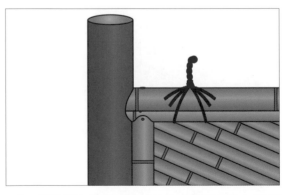

30 用電鑽在綁裝飾繩結的地方開出釘孔，以釘子固定笠竹及押緣。在玉緣上綁上裝飾繩結。創作籬完成。

高級日式餐廳內的網干籬。東京都台東區。

穿透型竹籬 Style ❶
基礎四目籬

從這個部分開始，要為各位介紹各式穿透型竹籬。四目籬在日本各地的日式庭園中都能看到，尤其是在茶式庭園空地的中門（譯注：區隔茶室庭園內外的門扉）附近幾乎一定都會有四目籬。四目籬工法非常簡單，成本也便宜。自古以來就經常被使用，是竹籬的代表形式之一。

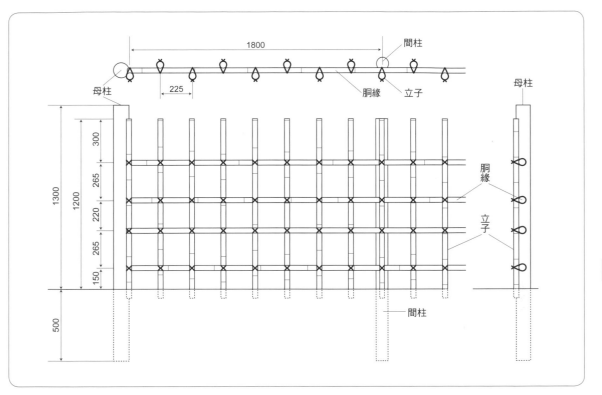

間柱
1800
母柱
225
胴緣 立子
母柱
300
1300
265
1200
220
胴緣
265
立子
150
500
間柱

正因為簡單才更需要技術的竹籬

　　四目籬的胴緣與立子成直角，看上去竹子之間成四角形因而得名。

　　雖然構造簡單，但胴緣與立子的位置分配卻比想像中困難，反而需要更加地謹慎處理。**四目籬在茶室庭園不可或缺，除了「侘寂」外，**（譯注：淡泊閑靜、簡樸清寂之意）**還要兼具精心處理過的況味。**

　　四目籬的特色是在母柱及間柱外的竹材都使用唐竹來製作，胴緣的數量不同時，給予觀賞者的感覺也不同。最近雖然以3段胴緣製作的四目籬為主流，不過這僅限於低矮的四目籬，此處所介紹使用4段胴緣的四目籬才是原本的形式。

　　橫向架設的胴緣之間的間隔可依據個人喜好決定，不過基本上會如上圖所示。從上面算下來第2、第3根的距離會稍微縮短，與立子間形成正方形，如此會較有平衡的美感。

　　竹子間的四角形，立子的部分比胴緣的部分稍長一些，看起來會比較協調，若是太短看起來會像一般的柵欄。

　　從如何使用略有些彎曲的竹材來製作四目籬，則可看出製作的技巧與功力，是一種非常適合用來磨練製作竹籬基本技術的竹籬形式。

基礎四目籬的製作流程

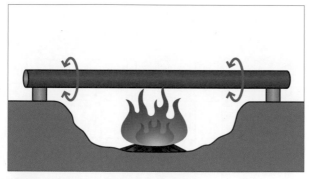

1 燒製圓柱（參照第46頁步驟1），去除表面黑炭。

2 用小鐵鍬挖出洞穴，立好母柱，將洞口周圍地面搗實。

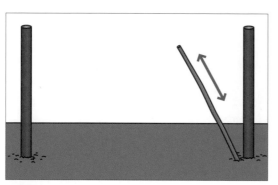

3 用同樣方法立好另一側的母柱。

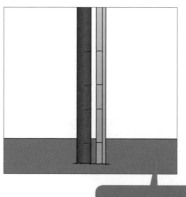

4 製作標示有橫向胴緣位置的「基準棒」，在一側的母柱做上胴緣的位置記號。

Point
第2根與第3根胴緣之間的距離要比其他的間隔稍短。

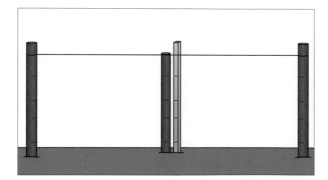

5 使用水平器拉好水線、立好間柱，同樣做上胴緣的位置記號後挖出水線（參照第46頁步驟6～7）。

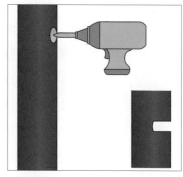

6 先選出4根彎曲較少、適合做為胴緣的唐材。然後在母柱內側記號的中心點，用較粗的電鑽分別打出洞孔。

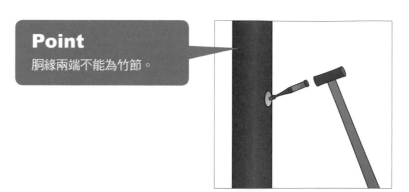

Point
胴緣兩端不能為竹節。

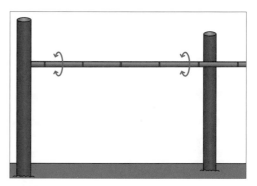

7 依據竹子的直徑不同，洞孔大小也需要配合改變。可將胴緣放入洞孔比對。

8 洞孔太小的話，用圓鑿刀將洞孔鑿開。

元口

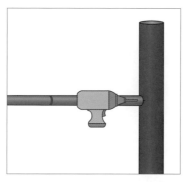

9 從胴緣元口（粗）插入母柱。

10 末口（細）也同樣地插入母柱洞孔。旋轉調整竹材，讓竹材從正面看過去呈水平。

11 在兩端母柱內側用電鑽開出釘孔。

12 用釘子將胴緣固定在母柱上；另一側的母柱也用同樣方式處理。

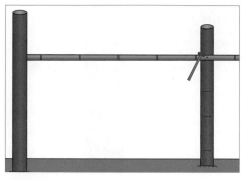

13 在間柱打入釘子，將胴緣固定好。

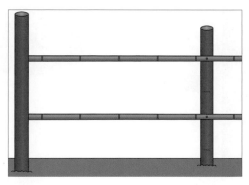

14 從上面算下來第3根胴緣也以同樣方式用釘子固定。

Point

注意在間柱的位置一定要架上立子。

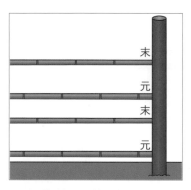

末
元
末
元

15 將第2、第4根胴緣元口（粗）置於右側、從右側母柱開始放入。確認竹材呈水平後，在左右母柱及間柱上打入釘子固定。

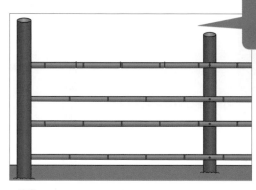

16 在第1根胴緣做上正面立子的位置記號。

Point

考慮到立子需要插入地面，「基準棒」的高度可以做得稍微長一點。

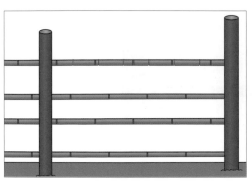

17 在第1根胴緣的內側做上背面立子的位置記號。

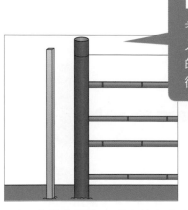

18 依據立子高度再次拉上水線。以立子的高度為基準製作「基準棒」。

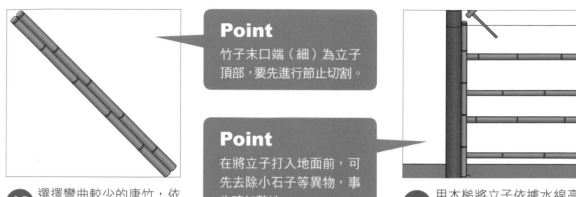

Point
竹子末口端（細）為立子頂部，要先進行節止切割。

Point
在將立子打入地面前，可先去除小石子等異物，事先略加整地。

19 選擇彎曲較少的唐竹，依據基準棒高度製作立子。

20 用木槌將立子依據水線高度打入地面。

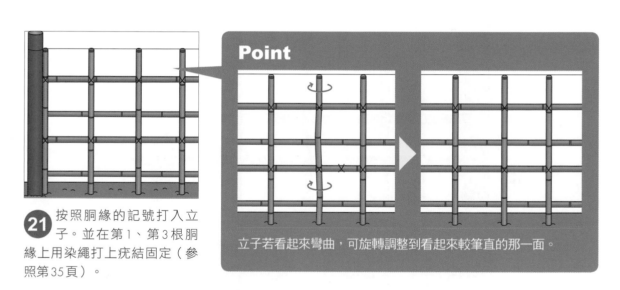

Point
立子若看起來彎曲，可旋轉調整到看起來較筆直的那一面。

21 按照胴緣的記號打入立子。並在第1、第3根胴緣上用染繩打上疣結固定（參照第35頁）。

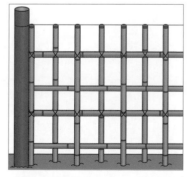

22 竹籬內側的立子也用同樣方式架設，綁上繩結固定。

23 將釘頭用老虎鉗切除，將釘子彎成「V」字型。

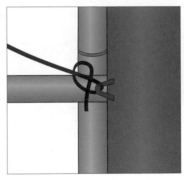

24 在第2、第 4根胴緣 上會打上「四目 結」，因此要在 內側釘上步驟23 製作的「V」字 型釘子。

25 將染繩穿 過「V」字 型釘子，做為繩 結起點。

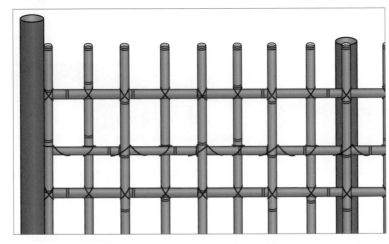

25 在從上面 算下來第 2根胴緣綁上四 目結（參照第 36頁）。在第4 根胴緣用同樣的 方法打上繩結。 四目籬完成。也 有只在從上面算 下來第3根胴緣 上繫上繩結的做 法。

做為庭園空地與 外部空間區隔之 用的四目籬。靖 國神社。吉河功 設計。

穿透型竹籬 Style ❷
應用四目籬

四目籬的基本形式是用單根竹材做為立子，但應用形式可以採用「正面雙支」、「背面雙支」、「正面單支」、「背面單支」的方式來配置。這裡為各位介紹應用四目籬的製作方式，它是所有竹籬中最容易製作的一種，可以把在其他竹籬上看到的點子活用在製作應用四目籬上。

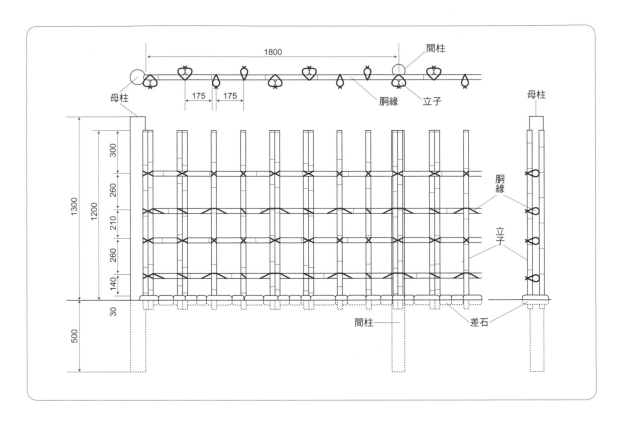

図　間柱　1800　胴緣　立子　母柱
175　175　300　260　210　260　140　1300　1200　30　500
胴緣　立子　母柱　間柱　差石

配合差石的高度，正確地裁切竹材非常重要

四目籬使用整根完整竹子製作，是相對來説比較容易完成的竹籬，竹材的高度與長度也可以配合周邊環境自由地調整。將立子直接插入地面是四目籬原本的形式，也是在設計茶室庭園使用四目籬時的一般原則，可展現出「侘寂」的風情。在此應用篇將為各位介紹鋪設差石製作四目籬的方法。此外，立子也會交替運用單支、雙支的方式加以變化。

這裡介紹的四目籬形式，**將正面的2根立子架設在間柱上是很重要的配置手法**。使用兩根為一組的立子時，竹子要使用比單支立子時略細的為佳。**而且要注意兩根為一組使用時，要把竹節位**置錯落擺放。

鋪設差石的時候，要盡可能使石頭頂端平整，不過還是會有些微的高低凹凸，因此**必須將節止切割後的立子末口上下顛倒擺放、依據立子高度拉的水線正確地切割竹材。此時竹材若沒有切平，立子的高度便會參差不齊，請多加留意。**

從上面算下來第2、第4根胴緣上不綁疣結，而是用四目結（參照第36頁及191頁）的方式繞上染繩固定。這樣立子才不會左右滑動，竹籬也會更為牢靠。

應用四目籬的製作流程

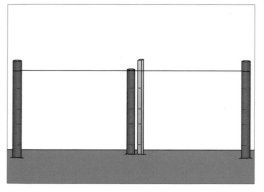

1 立好母柱與間柱,製作「基準棒」,並在母柱與間柱做上胴緣的位置記號。此步驟與基礎四目籬相同(參照第122頁步驟1～4)。

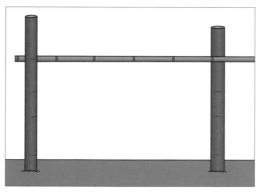

2 選用彎曲較少的竹材做為胴緣。確認從正面看過去竹材是否呈水平。

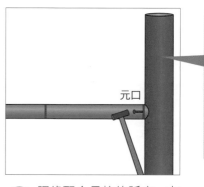

元口

Point

此處介紹的是將胴緣斜切、以釘子固定在母柱上的簡式。而原本正式的固定法是在母柱上開出榫眼,再將胴緣插入榫眼中。正式的固定法更為牢靠。

3 胴緣配合母柱的弧度,在竹節斜切多餘的部分。另外也配合母柱的弧度在胴緣上開出釘孔,以釘子固定。

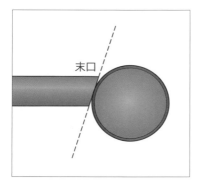

末口

4 要注意末口(細)不能切得太短,需配合母柱弧度正確地裁切。

末口

5 將胴緣的末口(細)釘入從正面看過去立在右側的母柱。

注意

為了活用竹節長而粗的部分,本書推薦在元口(粗)進行節止切割的方法,但在參加日本的造園技術檢定考試等技能測驗時,在末口(細)進行節止切割才是正確答案,請多加注意。

6 確認胴緣呈水平後，在間柱用電鑽開出釘孔、將胴緣釘在間柱上。

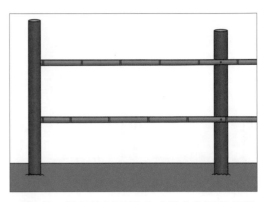

7 第3根胴緣以同樣方式從左側母柱開始固定。

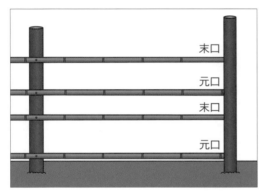

末口
元口
末口
元口

8 將第2、第4根胴緣的元口（粗）固定在右邊母柱上。

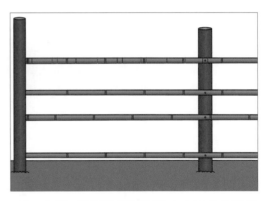

9 在第1根胴緣正反面做上立子的位置記號。

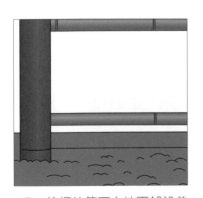

10 挖掘竹籬下方地面鋪設差石，並在預定的差石高度拉上水線。

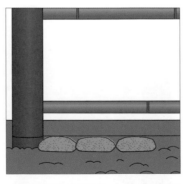

11 將差石配合水線高度置入。差石頂端要盡可能使其平整。

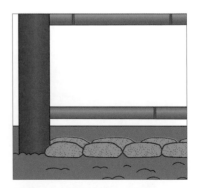

12 正面差石置入完畢後，背面差石以同樣方式鋪設。

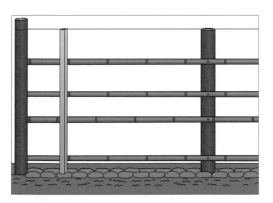

8 在符合立子高度的位置拉上水線。準備做為立子高度基準的「基準棒」。

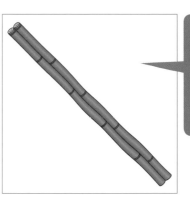

Point
較細的竹子可以兩根為一組做為立子使用。

16 依據基準棒正確地裁切立子。立子上方為末口端，要進行節止切割。此外，要注意立子的竹節需錯落擺放。

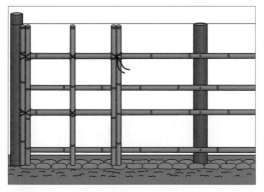

8 在立子正面的第1、第3根胴緣綁上疣結（參照第35頁）。

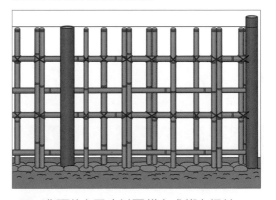

9 背面的立子也以同樣方式綁上繩結。

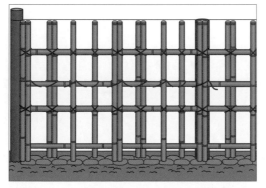

8 在第3根胴緣繞上四目結（參照第36頁）。第4根胴緣也以相同方式處理。

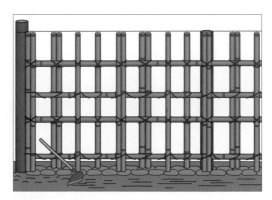

9 將竹籬周圍的地面整平。竹籬完成。

在竹籬正反兩面交替使用單、雙支竹材的應用四目籬。靖國神社。

在神社境內區隔空間的基礎四目籬。靖國神社。

靖國神社洗心亭。在日本庭園做為空間區隔之用的基礎四目籬。

矮式金閣寺籬

矮式金閣寺籬用於京都金閣寺、高度較四目籬更為低矮，特徵是竹籬最上端以玉緣覆蓋，稱其為低矮竹籬的代表也不為過。製作原則是將立子下方直接插入土中且不使用差石，這是此種竹籬的風情所在。立子會使用直徑約 5 ～ 6 公分的粗竹；在製作上基本上是使用 1 根立子，有時也會用 2 根來做變化。

繩結部分放大近照。設置於千葉縣市原市的木賊籬。

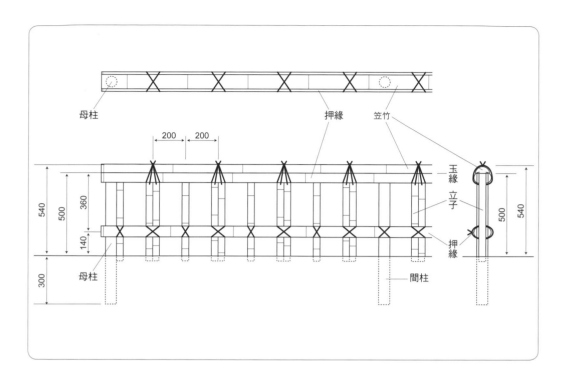

母柱　　　　　　　　　　　押緣　笠竹

200　200

玉緣
立子
押緣

540　500　360　140　300

母柱　　　　　　　間柱

500　540

立子與押緣都使用粗竹，增加竹籬的分量感

金閣寺籬的特徵之一就是母柱與立子的高度相同。因金閣寺籬所使用的立子較短，所以會使用上下粗細差不多的竹材。**在使用1根立子的情形，要將立子的末口端朝上；若是使用2根立子，要將末、元口顛倒擺放，讓竹材的寬幅能夠一致。**

為了使竹籬整體視覺呈現平衡感，要在竹籬下方架上押緣。這時的押緣會使用特別粗的竹子，這也是金閣寺籬的特徵之一；押緣竹材經常使用剖半的粗剛竹。**由於押緣會架設在竹籬的正反兩面，所以使用同1根竹子為佳。**押緣的元口端要進行節止切割、朝向母柱的方向。

以金閣寺籬來説，押緣長過母柱一些也是其特徵。另外母柱若是太粗，使押緣浮起、無法完全固定在立子上時，**押緣要配合母柱的弧度加以切割，讓押緣可以確實地固定在所有的立子上，之後押緣在母柱與間柱上打入釘子固定。**

綁繫玉緣繩結的位置可以隨個人喜好，這裡介紹的是將繩結打在2根立子上。使用大型的玉緣繩結來增加上方的分量感也是金閣式籬的一大特徵。下方的押緣則是在立子的位置打上疣結（參照第35頁）固定。

矮式金閣籬的製作流程

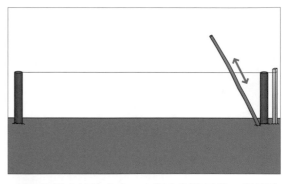

1 燒製圓木，立好母柱（參照第46頁步驟1）。在竹籬長度的延長線上，打上四角形的木條做為臨時柱。

2 依據水線的高度，立好右側的母柱。移開臨時柱，將柱口周圍地面搗實。

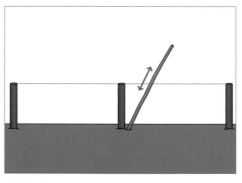

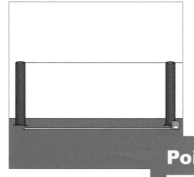

3 配合水線的高度，在中間立上間柱。將柱口周圍地面搗實。

4 測量母柱與間柱之間的距離，決定立子之間的間距。

Point

以木棒等材料做為「基準棒」，做上立子間距的記號也是一種方法。

Point

在立子上端的末口（細）進行節止切割是最理想的做法。但不進行節止切割，纏上膠帶封住竹材洞口也可以。這是為了防止雨水或蟲子進到竹材中。

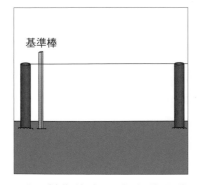

基準棒

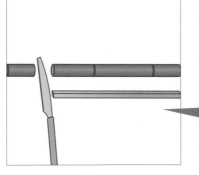

5 製作比立子高度稍長的「基準棒」。

6 配合「基準棒」的高度裁切立子。挑選比母柱稍細的竹材會更為美觀。

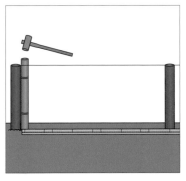

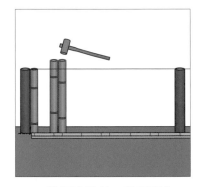

⑦ 將立子從頂端打入地面。

⑧ 接下來將第2段兩根為一組的立子打入地面。

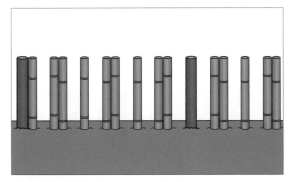

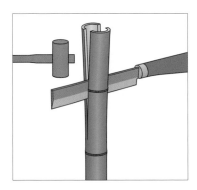

⑨ 如圖將所有立子打入地面。

⑩ 將粗竹材剖半,準備押緣及玉緣所需要的竹材。

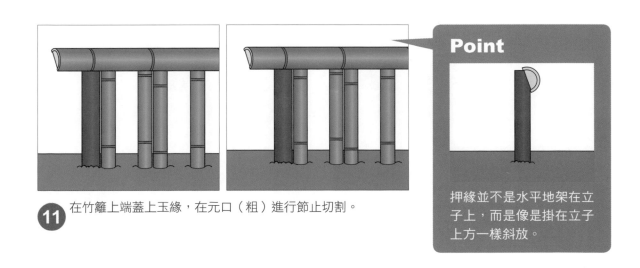

⑪ 在竹籬上端蓋上玉緣,在元口(粗)進行節止切割。

Point

押緣並不是水平地架在立子上,而是像是掛在立子上方一樣斜放。

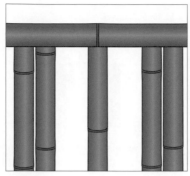

12 另一側的玉緣也在母柱前端進行切割。

13 先把押緣擺放在竹籬上比對，若是押緣內側的竹節會與立子相牴觸，先用鐵鎚等工具將內側的竹節清除至不會碰撞到立子的程度。

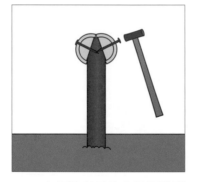

14 竹籬另一側也同樣地架上押緣。

15 在押緣與母柱上用電鑽開出釘孔，釘入釘子固定。

16 在部分區段綁上鐵絲暫時固定。

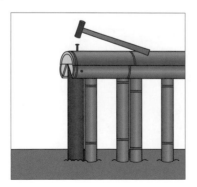

17 笠竹與正反兩面的押緣要在元口（粗）進行節止切割。

18 在部分區段綁上鐵絲，將笠竹及押緣暫時固定住。

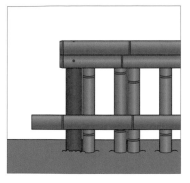

19 在竹籬下方架設押緣，上方的玉緣一樣在竹節前端進行節止切割。

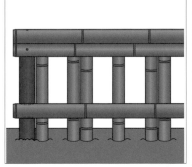

20 若是母柱較粗而讓立子與押緣無法密合產生空隙的話，押緣需配合母柱的弧度用切出小刀修整。

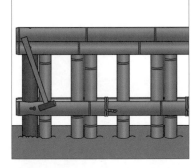

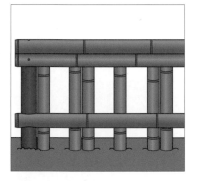

21 將押緣架上母柱。

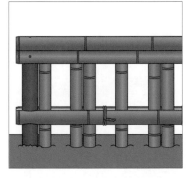

22 在竹籬正反兩面水平架上押緣，以鐵絲暫時固定。

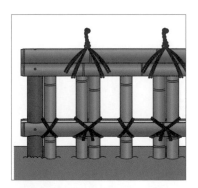

23 用電鑽在母柱與間柱上開出釘孔，將押緣以釘子固定。

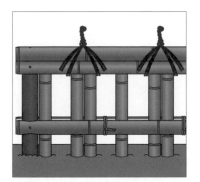

24 在玉緣綁上裝飾繩結。裝飾繩結的綁法請參照第37～38頁。

25 押緣正反兩面交互綁上疣結（參照第35頁）。拆除暫時固定用的鐵絲。竹籬完成。

穿透型竹籬 Style ❹

高式金閣寺籬

金閣寺籬有各種不同的高度，從30公分左右的矮籬到80公分左右的高籬都有。雖然大部分的金閣寺籬以之前所介紹50公分左右高的居多，這裡將會介紹高度稍高的金閣寺籬製作方法。

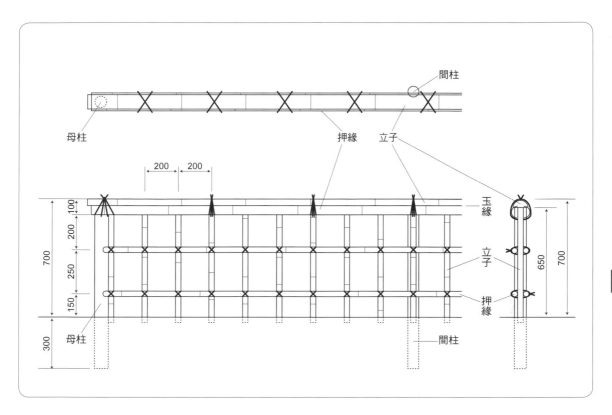

間柱
母柱
押緣
立子
玉緣
立子
押緣
母柱
間柱

200　200
100
200
250
150
700
300
650
700

先架上押緣，再打入立子

金閣寺籬有非常多的應用範例，**不過不使用胴緣、依據一定的間隔立下縱向的立子，以及架上押緣與玉緣的形式，是一定要遵守的基本原則。**

上圖的範例是在竹籬內側架上立子，下方兩段的押緣都使用較粗的唐竹，上方的玉緣則使用更粗的竹材。這是一種容易製作，完成後也很堅固牢靠的竹籬。

這種竹籬是立好粗母柱後，在竹籬的內側架上兩段押緣。押緣元口在母柱側斜切，並從間柱的正面打入釘子固定。此點與架設四目籬的胴緣方法相同。

立子一定是以末口端朝上，並在末口進行節止切割為理想方式。不過，若是難以進行節止切割的話，請在竹材的末口纏上膠帶封住洞口。

立子雖然已經以木槌等工具打入地面，但也可以暫時固定在竹籬內側的押緣上。之後再像是要夾住立子一樣，架上正面的押緣。正面押緣的元、末口方向要與內側的押緣一致。

在竹籬上方架上玉緣的製作方式與較低矮的金閣寺籬相同，玉緣部分的押緣，要配合母柱弧度加以修整。

高式金閣籬的製作流程

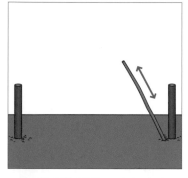

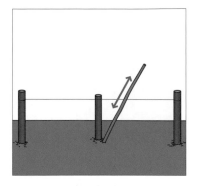

1 燒製粗圓柱，立好左右兩側的母柱（參照第46頁步驟1）。

2 在正確的高度拉好水線。

3 在兩邊母柱中間、離水線5公分左右的位置立好間柱。

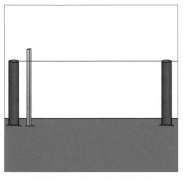

4 在母柱與間柱做上押緣位置的記號。

5 製作比立子的高度長5公分左右的「基準棒」。依照「基準棒」切好所需長度的立子，並在末口（細）進行節止切割。

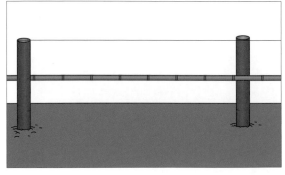

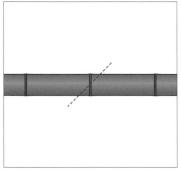

6 架上竹籬內側上方的押緣，確認從正面看過去押緣是否呈水平。

7 押緣的元口（粗）在竹節的位置上斜切。

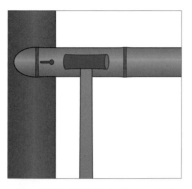

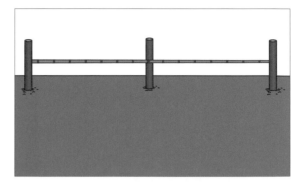

8 用電鑽開出釘孔後，用釘子將押緣與母柱固定。右側也以同樣方式切割以釘子固定。

9 確認押緣是否水平，並在間柱打上釘子固定。

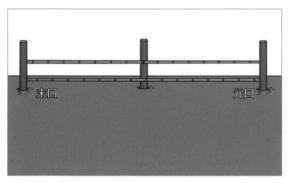

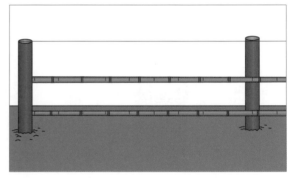

10 竹籬下方的押緣，則將元口（粗）置於右邊母柱。

11 再次拉好水線，在下上兩段押緣做上立子的位置記號。

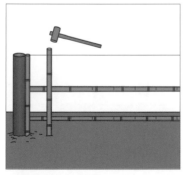

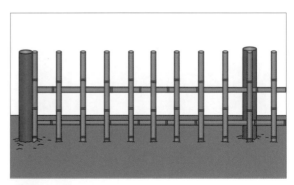

12 配合記號用木槌等工具將立子打入地面。

13 立子的架設作業完成。

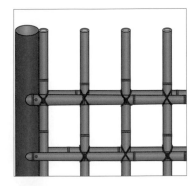

14 架上竹籬正面的押緣。在元口（粗）進行節止切割，以釘子將押緣與母柱固定。下方押緣也以同樣方式切割與固定。

15 從上方押緣開始綁上繩結。用染繩將每一根立子正反交錯地綁上。下方押緣也以同樣方式打上繩結。

16 架上押緣，做為修飾竹籬頂端的玉緣。母柱較粗的時候，如圖將竹材配合母柱的弧度加以削切。

17 另一側也以同樣方式架上玉緣，以電鑽開出釘孔後以釘子固定。

18 在玉緣幾個地方綁上鐵絲暫時固定。

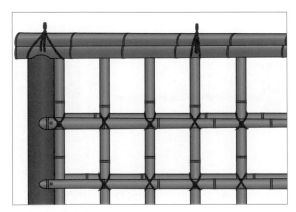

19 蓋上笠竹，在母柱釘入釘子固定。

20 在玉緣與笠竹上每隔兩段立子的地方繞上染繩，綁出裝飾繩結。拆除暫時固定用的鐵絲。竹籬完成。

有著4段押緣的高式金閣寺籬。岡山縣。

在園林小徑內的矮式金閣寺籬。靖國神社。

玄關前的高式金閣寺籬。京都。

位於神奈川縣橫濱市三溪園外的金閣寺籬。

架在石垣上的矮式金閣寺籬。京都的私人宅邸。

穿透型竹籬 Style ❺
矢來籬

矢來籬是將組子傾斜架設，以繩結加以固定的竹籬。插入地面，不使用釘子，單靠繩結固定為其特徵。矢來籬與金閣寺籬或龍安寺籬等給予人柔和纖細的視覺感受不同，而是給人男性化且活潑的印象。原本應該如下圖照片所示，將竹籬的竹材頂部如同箭矢一樣削尖，但現在更為常見的做法是在竹節處將竹材切平。

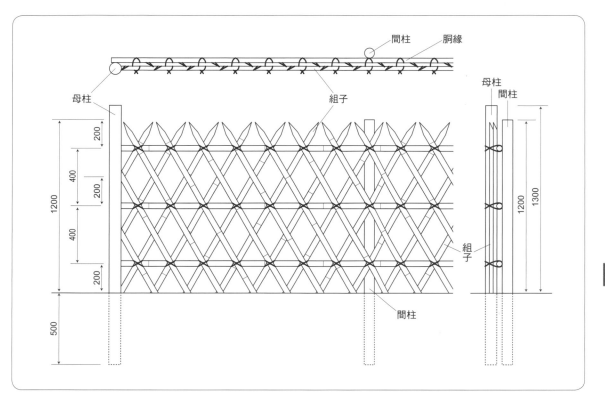

竹材與竹材的交叉點，以鐵絲與染繩確實固定

原本矢來籬是用來做為暫時使用的竹籬。關東地區常見的是在柱子架上3～5段的胴緣，再架設傾斜的組子，並在表面以繩結固定的形式。另一方面以京都為中心的關西地區，則多是使用粗竹來製作較為低矮的矢來籬。低矮的矢來籬如同左頁照片所示，通常是架設2段胴緣的形式。

組子基本上以直徑5～6公分的竹子剖半而成，為了預留插入地面的長度，要先裁切得比所需長度稍長。最近以唐竹做為組子的矢來籬也很多。組子斜放的角度雖然可依照個人喜好，不過**與地面成60度左右最為美觀**。

組子的間隔編者有獨創的算式，當組子傾斜60度時，只要採用這個算式，不論是誰都能夠簡單地安排調配好組子。從次頁開始的製作步驟會有詳細的說明，請多加參考。

範例中的竹籬是將斜向右方的組子置於竹籬背面、斜向左方的組子置於靠近自己這一側。將組子架設完成之後，竹材交叉的部分要確實地以鐵絲固定。此處是將胴緣同時與兩根組子固定在一起，因此尤其是竹籬上半段的部分要確實牢靠地綁緊固定，這一點非常重要。

矢來籬的製作流程

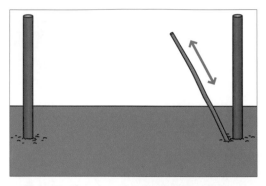

1 烤製粗圓柱，立好竹籬兩側的母柱（參照第46頁步驟1）。

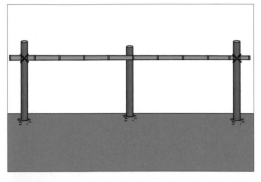

2 為了確認間柱的位置，在母柱的內側暫時架上胴緣，在內側立好間柱。

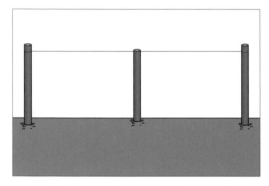

3 卸除剛剛暫時架上的胴緣。按照間柱的高度拉好水線。

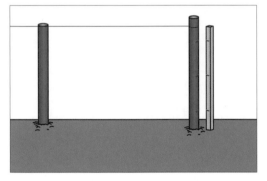

4 製作有胴緣間隔記號的「基準棒」，依據「基準棒」在母柱做上記號。間柱也以同樣的方法做上記號。

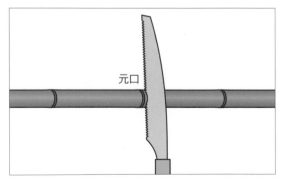

元口

5 將做為胴緣的唐竹元口（粗）進行節止切割。

6 將竹材保持水平後，上段胴緣元口放在步驟4所畫的記號中心上，以電鑽開出釘孔後用釘子固定在左側母柱背面上。

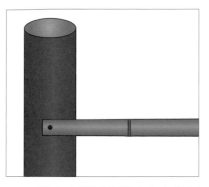

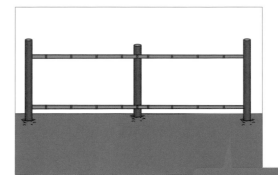

7 配合右側母柱弧度在上段胴緣的末口（細）進行節止切割，之後在母柱背面的中心點打入釘子固定胴緣。

8 間柱的正面也同樣釘上釘子固定胴緣，之後架上下段的胴緣。

Point

在間柱正面打入釘子時，務必要確認胴緣呈水平再用釘子固定。

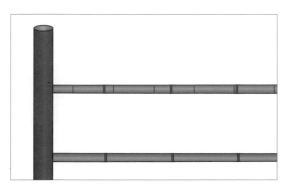

9 中央胴緣務必要將元口（粗）固定在右側母柱上。

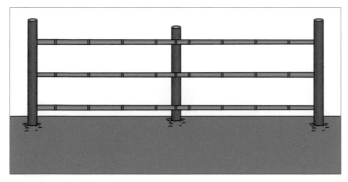

10 在上段胴緣做上組子間隔的記號。

組子位置的計算方式

此計算方式適用於組子與地面呈60度角的情形。將胴緣間距1/2定義為X，組子間隔長度定義為Y的話，則 X x 1.16 = Y。這個算式是編者根據長年研究所推導出來的，不論竹籬的高度為何都能夠加以應用。若是竹籬高度較高，組子交叉所形成的菱形會隨著竹籬高度而變大，可以將此視覺效果納入考量來決定竹籬的高度。

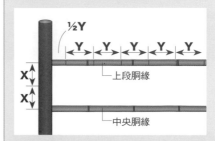

矢來籬的美觀與否決定於組子的間距，因此要盡可能在正確的位置做上記號。

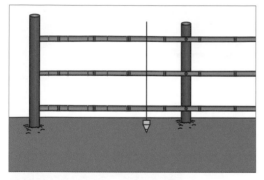

11 利用鉛錘等水平測量工具，在中、下段的胴緣做上正確的記號。

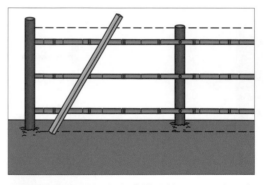

12 做為組子長度的「基準棒」，要比預定長度稍長一點、預留插入地面的長度。

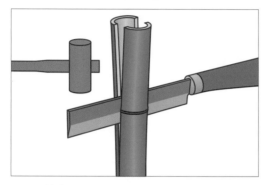

13 做為組子的竹子先剖半，再依據基準棒的長度加以切割。

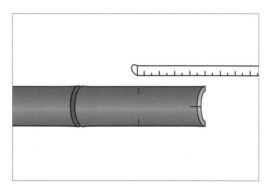

14 將組子的末口朝上，依據固定長度畫出記號。

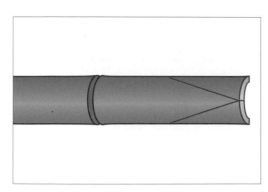

15 將組子前端用鋸子加以切割削尖。

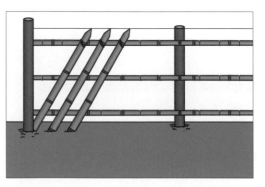

16 拉好水線，將內側組子配合胴緣的記號正確地加以組裝，並暫時固定。組子下方要插入地面。

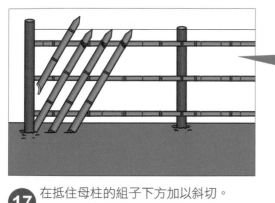

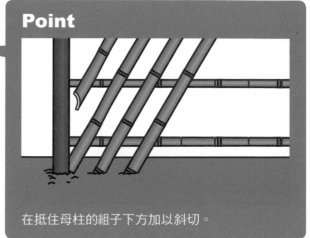

Point

在抵住母柱的組子下方加以斜切。

17 在抵住母柱的組子下方加以斜切。

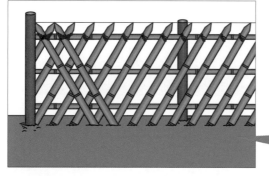

Point

組子基本上與地面成60度角，但並不是說其他的角度就是錯的。關西地區矢來籬的菱形格紋就較為橫長。

也有不將矢來籬組子頂端削尖的做法，此時會在組子頂端進行節止切割。

18 完成架設內側的所有組子後，再架上外側的。

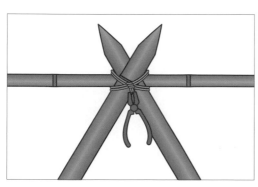

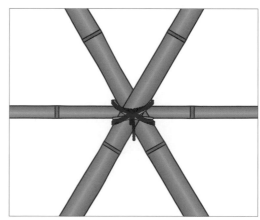

19 頂端竹材的交叉點確實以鐵絲固定。抵住正面左邊母柱的組子也要加以斜切，並以釘子固定在母柱上。

20 在鐵絲上綁上疣結。（參照第35頁）竹籬完成。

靖國神社神池周邊的矢來籬。形成大弧度的曲線。

靖國神社做為靖泉亭空間區隔之用的矢來籬。此為正面。

神池周邊的矢來籬，從正面看去呈現的樣貌。

中矢來籬的背面。

龍安寺籬

在京都的庭園中以石庭聞名的龍安寺，寺院境內的參道與石階兩側，有著長而蜿蜒的低矮竹籬，這就是龍安寺籬。與金閣寺籬相同，多做為點綴庭園與裝飾的功能。乍看之下雖然很造型簡單，但其實竹籬細部凝聚了許多巧思及工夫。竹籬整體有如浮起般稍稍離開地面，更能增加竹籬的韻味。

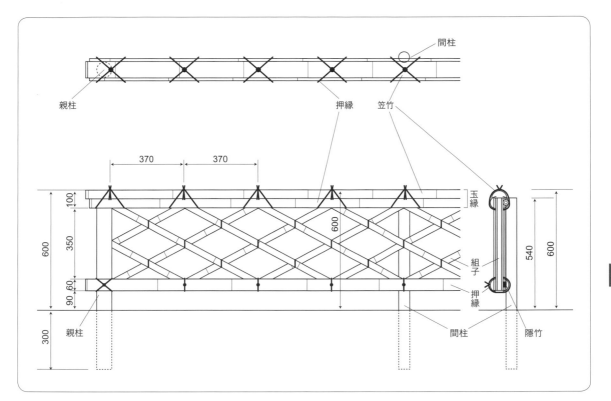

間柱

親柱 　　　　　　　　　　　　　　 押緣　笠竹

370　　　370

100

600　　350

600

玉緣

90 60

540　　600

組子

押緣

300　親柱

間柱　　隱竹

胴緣與間柱間的位置關係最為重要

雖然與金閣寺籬同為低矮的竹籬，但龍安寺籬的做法與矢來籬相同，是將組子傾斜擺放。此外會在竹籬頂端架上玉緣，最下端則是在正反兩側都架上押緣。

確實立好母柱後，間柱的位置比母柱略往後移。**此時立間柱的前後位置非常重要，其位置也會根據胴緣的粗細而有所不同。**

使用唐竹做為胴緣，在元口（粗）進行節止切割，並以釘子將胴緣固定在左右母柱的內側。在間柱上割出凹槽，以類似卡榫的方式將胴緣架在間柱上。**此時的重點在於，讓胴緣比間柱的凹槽稍微凸出，讓胴緣與下方架設的隱竹能**夠位在同一個平面上。

將長竹子切割成寬約2公分的細竹材做為隱竹，在柱子下方、離地面約12公分的地方，以架設胴緣同樣的方式架好隱竹。此時讓隱竹內側朝向竹籬正面，以釘子固定，**並與上方的胴緣保持在同一個平面上。**組子則使用剖開的長型粗竹材為佳。

也可以使用山割竹（參照第194頁），不過組子的長度大約需要1公尺左右，使用平均長度約1.8公尺的山割竹會造成浪費。龍安寺籬組子的寬度大約為2.5～3公分，而且需要事先將內部的竹節清除乾淨。

龍安寺籬的製作流程

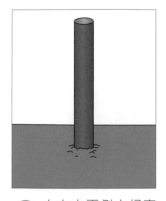

1 在左右兩側立好高 56公分的母柱。

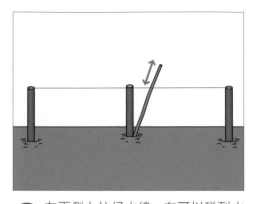

2 在兩側上拉好水線,在可以碰到水線的地方立好間柱。

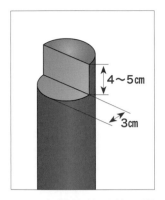

4～5cm

3cm

3 在間柱的頂端,開出高約4～5公分、深約3公分的凹槽。

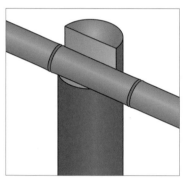

略為凸出

斷面圖

4 將胴緣放到步驟3的凹槽比對。讓胴緣可以略為凸出間柱。

元口

5 在胴緣元口(粗)進行節止切割,以釘子固定在左邊母柱的背面(上圖紅色記號的位置)。

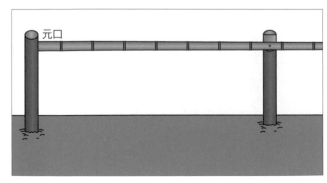

元口

6 以同樣的方式用釘子將胴緣固定在間柱上(上圖紅色記號的位置)。

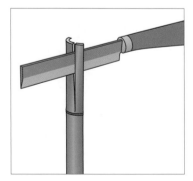

7 將粗竹子切割製作做為胴緣之用的隱竹。將竹材內側的竹節清除乾淨。

竹籬背面示意圖

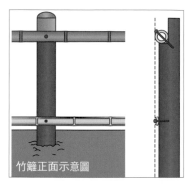

竹籬正面示意圖

8 在母柱下方固定好做為胴緣的隱竹（上圖紅色記號的位置）。從竹材的竹皮側打入釘子固定在母柱的背面。

9 也將隱竹固定在間柱上（上圖紅色記號的位置）。竹材中空的內側會朝向竹籬正面。

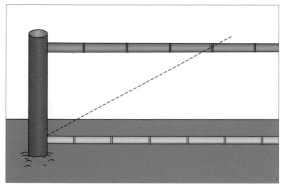

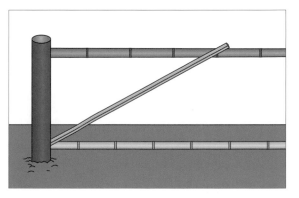

10 在上段胴緣做上組子間隔位置的記號。下段的隱竹也同樣做上記號。

11 製作與組子長度相同的「基準棒」。

> **Point**
> 組子間的間隔，由竹籬左下方往右斜上的角度決定。

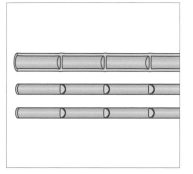

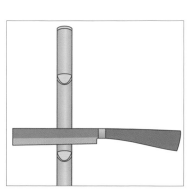

12 將粗竹材切割成寬約2.5～3公分做為組子的竹材。

13 用柴刀等工具清除竹節。

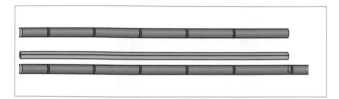

14 依據「基準棒」，將組子切成需要的長度。

Point
組子兩根為一組使用，此時要注意
同一組組子的竹節需分散排列。

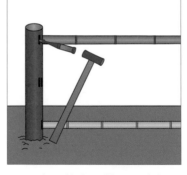

15 在母柱上用鑿刀開出插入
組子用的榫眼。

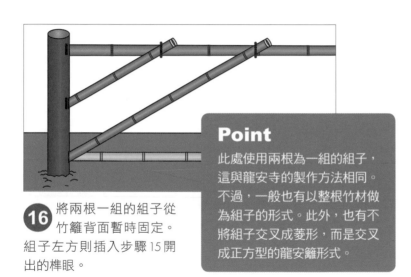

16 將兩根一組的組子從
竹籬背面暫時固定。
組子左方則插入步驟15開
出的榫眼。

Point
此處使用兩根為一組的組子，
這與龍安寺的製作方法相同。
不過，一般也有以整根竹材做
為組子的形式。此外，也有不
將組子交叉成菱形，而是交叉
成正方型的龍安籬形式。

17 在組子插入母柱榫眼的部
分，從內側釘入釘子固
定。

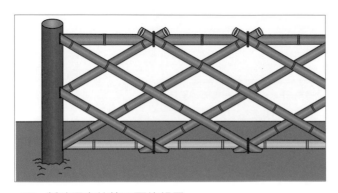

18 暫時固定竹籬正面的組子。

19 在組子與胴緣的交叉點
上，以鐵絲確實固定正反
2支組子及胴緣共3根竹材。

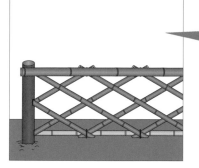

20 準備押緣及玉緣用的竹材，在竹籬正面上端的部分擺放押緣確認長度。

Point

● 組子的上下雖然都用鐵絲固定，但隱竹本身較單薄容易前後晃動，因此要在竹籬的正反兩側都架上押緣確實地固定。

● 組子的長度會稍微超過隱竹，為了不要讓這個部分凸出後來架上的押緣，要先將其水平裁齊。

竹籬背面示意圖

21 竹籬背面的押緣在間柱的地方切割，蓋在胴緣的上方。

Part **2** 竹籬製作方法

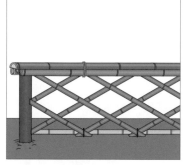

22 在竹籬頂端架上笠竹，以鐵絲暫時固定。

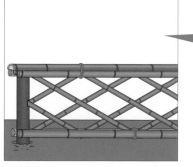

23 將下段的押緣架在竹籬的正反兩側，以鐵絲暫時固定。

Point

若遇到押緣無法確實抵住組子的情形，可以將押緣配合母柱的弧度加以削切。

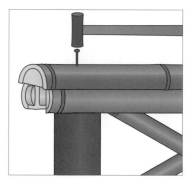

24 在玉緣上以電鑽開出釘孔，在母柱上打入較長的釘子固定。

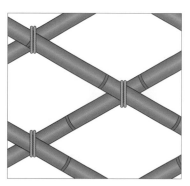

25 組子的交叉點用細鐵絲在竹籬內側加以固定。此處不會再綁上染繩。

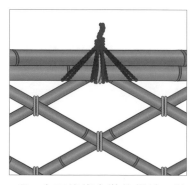

26 在玉緣綁上裝飾繩結。裝飾繩結的綁法請參照第37～38頁。下方的押緣則縱向綁上染繩固定。竹籬完成。

穿透型竹籬 Style ❼

光悅籬

光悅籬是位於京都光悅寺庭園中央的大型長竹籬。光悅寺的光悅籬長約18公尺，竹籬最初起始之處的母柱高198公分，最後則與庭園中的造景石材連接。在個人住宅不太可能製作如此高大的竹籬，不過可以活用光悅籬的造型及改變竹籬的長度。

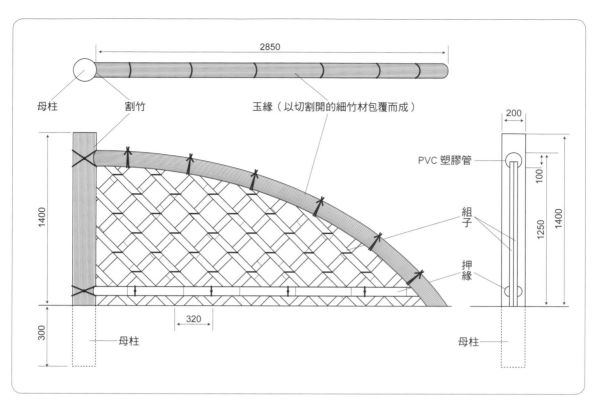

母柱　割竹　玉緣（以切割開的細竹材包覆而成）

2850

200

母柱　PVC 塑膠管

1400

100

1250

1400

組子

押緣

320

母柱

300

母柱

將玉緣彎曲成弧型，與地面接壤形成獨特造型

做為袖籬使用的光悅籬，其造型的特色就是在與矢來籬相同編法的竹籬上端蓋上玉緣，**且玉緣的一端高度緩緩降低，最後插入地面。**

母柱則使用粗大的圓木柱，形成將玉緣與組子插入母柱的構造。此種竹籬可以分為先準備玉緣，或是先架設好組子再蓋上玉緣等不同做法。製作方式會因玉緣的構造與材質而異，本書介紹以PVC塑膠管做為玉緣中軸的製作方式，在母柱立好之後，先架上玉緣塑膠管的做法。此外，也有之後再以竹枝等材料包覆玉緣的做法。

製作光悅籬時先以鋼筋等材料做出玉緣的弧度，架設好組子後，再蓋上玉緣。組子則使用2根切割開的細竹材為一組。**組子基本上與地面成45度角。換句話說，組子所形成的格紋呈正方形。**格紋的粗細大小可依照個人的喜好變化。

在母柱上開出插入組子用的洞孔，在PVC塑膠管的下方也配合組子的位置挖洞，讓組子可以插入。**在竹籬中央拉好水線，讓組子的交叉點可以以水線為基準使其水平。**

組子架設完成後，就可以用切割開的細竹片將玉緣包覆起來。

161

光悅籬的製作流程

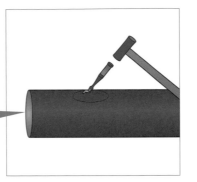

Point
開出插入玉緣用洞孔的方式很多，此處介紹的是使用PVC塑膠管做為玉緣的方法。

1 裁切母柱，並在玉緣要插入的部分畫上圓形的記號。配合記號以鑿刀開出洞孔，深度約8公分左右。

2 開好插入PVC塑膠管用的洞孔後，在地面挖出要插入母柱的洞，立好母柱並搗實柱口附近的地面。

3 準備管壁較薄的PVC塑膠管，用噴槍等工具烤製塑膠管部分區域讓塑膠管彎曲。做出曲線後，再澆水讓塑膠管的弧度固定。

Point
使用噴槍的烤製作業，請在地面平坦的場所進行。

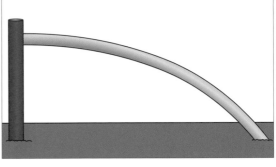

4 將塑膠管插入母柱，再進行弧度的微調整。

5 先暫時將塑膠管移出母柱，用圓鑿刀在洞孔周圍，開出以後要包覆玉緣的竹材的溝槽。

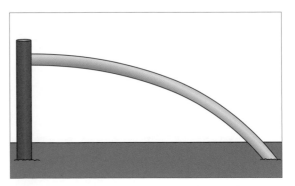

6 再次將塑膠管插入母柱中確實固定。

162

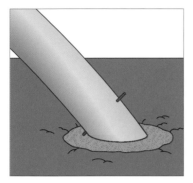

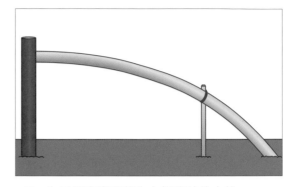

7 在塑膠管接觸地面的頂端插入鋼棒，讓鋼棒確實地插入地面、或以水泥固定。

8 為了固定塑膠管先立好臨時的支柱。

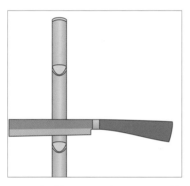

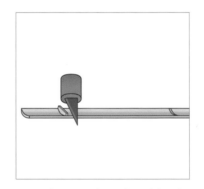

9 切割組子用的竹子，用柴刀等工具將竹材內側的竹節清除乾淨。

10 包覆玉緣用的竹材要切割成寬1公分以下的細竹片。清除內側的竹節，若是有凸出的部分則加以削平。

11 用鉛錘等測量水平工具，在母柱上畫出竹籬的中心線。

12 接著再標示組子位置間隔的記號。

13 在母柱上開出組子的溝槽。一開始只要開出竹籬正面組子所用的溝槽就好。

14 決定好組子的角度，開始架設組子。

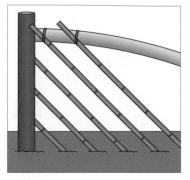

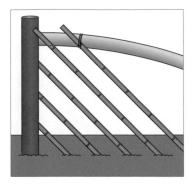

15 首先將要插入玉緣的組子暫時固定。之後為了讓竹材可以順利插入塑膠管，要預留插入地面的長度。

16 配合塑膠管下方的弧度，將組子加以斜切。

Point
為了讓組子的交叉點保持水平，可以在竹籬中央拉好水線做為基準。

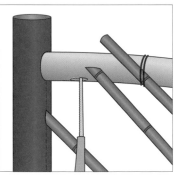

17 在塑膠管上開出組子的洞孔。

18 將組子插入塑膠管中。

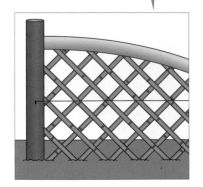

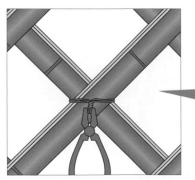

Point
鐵絲的收口處剪成適當的長度，為了讓鐵絲不要太過醒目，將鐵絲橫向纏繞固定。

19 用同樣的方式立好竹籬背面的組子。

20 組子架設作業完成後，每一個交叉點都從背面以鐵絲固定。

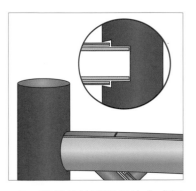

21 將細竹材包覆玉緣，在塑膠管的周圍要配合細竹材的寬度與厚度以鑿刀開出溝槽。

22 將細竹材以圖示的方式插入母柱中（參照第 162 頁步驟 5）。

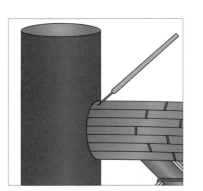

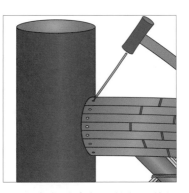

23 細竹材全部插入母柱後，在竹材貼近母柱的地方以錐子開出釘孔。

24 在釘孔中釘入竹釘，將細竹材固定在塑膠管上。

25 竹釘可用小刀或鋸子等工具切割並將頂部削尖再打入固定。

26 包覆玉緣的細竹材用較粗的鐵絲加以確實固定。尤其是在玉緣彎曲弧度較大的部分，一定要牢牢地固定好。

27 塑膠管下方也要將細竹材貼緊管壁後固定。母柱以同樣的方式用細竹材包覆起來，另外也可以用釘子固定。

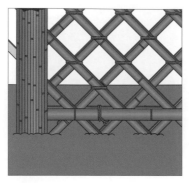 

28 將做為押緣的粗竹子對半剖開，並在元口（粗）進行節止切割。在離地面最近的組子交叉點、從竹籬正反兩側蓋上押緣。押緣的元口抵住母柱，以鐵絲暫時固定。

29 玉緣以鐵絲固定，並綁上裝飾繩結。母柱也同樣以鐵絲固定，綁上裝飾繩結。

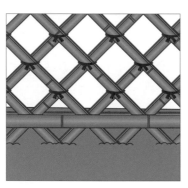 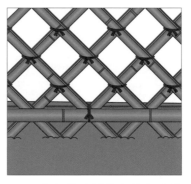

30 在組子交叉點的鐵絲上也綁上裝飾繩結。

31 在押緣的鐵絲上綁上疣結（參照第35頁）。竹籬完成。

巨大且具有厚重感的長型光悅籬。光悅寺。

做為庭園分界之用的光悅籬。京都。

置於中庭的光悅籬。兵庫縣。

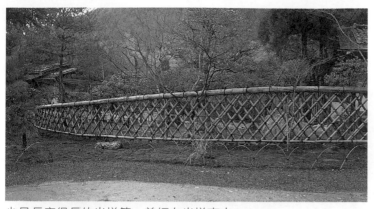

少見長度很長的光悦籬。曾經在光悦寺中。

配合植栽製作的光悦籬。東京都北區。

用釣樟樹枝來包覆玉緣的光悦籬。做為庭園的空間區隔之用。

立於台階旁邊的光悦籬。京都。

Part 3
各式竹籬鑑賞

前面篇章具體說明了各式竹籬的製作方法。
本章則是要為各位介紹在之前無法盡述的竹籬種類，以及在日本庭園中竹材的運用方式。

桂籬

屬於竹穗籬的一種，原本是指圍繞在桂離宮周圍、用成束的新鮮淡竹製作的「生籬」，但現在大多將竹穗籬統稱為「桂籬」，是具有美術工藝美感的竹籬。

靖國神社洗心亭前庭的桂籬。

千葉縣佐倉市個人宅邸。

位於愛媛縣新居浜市的桂籬。

桂離宮的桂籬。

袖籬

袖籬指的是像建築物的袖子一樣延伸出來的竹籬，也有從建築物（人工）到庭園（自然）之間的立體銜接物的意思。除了裝飾之外，同時也具有遮蔽視線的功能。一般來說，高度約1.8公尺、長度約1.2公尺的袖籬最為常見，但當然也有更為低矮的袖籬。

位於玄關前較高的金閣寺籬。

經常做為袖籬使用的木賊籬。靖國神社行雲亭。

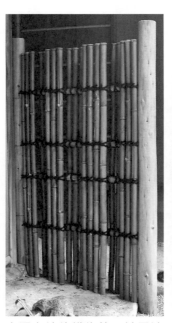

庭園空地的鐵炮籬。靖國神社。

立於庭園門扉左右的木賊籬。

鎧甲籬，簔籬的一種。
千葉縣。

桂籬，竹穗籬的一種。
千葉縣。

形式有趣的特殊造型袖籬。京都。

靖國神社中清泉亭的袖籬。

靖國神社洗心亭的鐵砲籬。

使用將竹材錘敲延伸而成的「拉皮竹」（ひしぎ竹）
與杉樹皮製作的袖籬。

使用白穗製作的竹穗籬。靖國神社。

靖國神社洗心亭前庭。

魚鱗籬

魚鱗籬是將竹子切割成寬度約2公分的細竹材，彎曲成弓形後插入地面的竹籬。形狀如同波浪是其特徵所在。魚鱗籬的日文名稱「ななこ垣」的由來，據說是因為竹籬形狀看起來像魚鱗，因而從日文「魚子（ななこ）」二字的讀音轉化而來。也有其他說法是由日文「斜子」二字的讀音轉化而來。

將移動式的魚鱗籬連續排列而成的竹籬。　　移動式的魚鱗籬。

踏腳石兩側的魚鱗籬。
靖國神社。

結界・竹柵

不僅僅只有竹籬，「結界」與「竹柵」也都有各種不同的形式。竹柵自古以來被用來圍在住家外圍；結界原指分隔神社或寺院等神聖場所與人間俗界，但現在大多數的人則把結界當成是「禁止進入」的意思。

常見以整根竹子製作的竹柵。

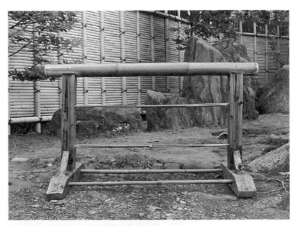

使用木材與竹子製作的結界。

兩根粗竹上架上細竹的結界。

大津籬形式的結界。

石板路兩側的竹柵。

庭木扉・枝折扉・揚簀扉

「枝折扉」現在雖然多被當成門扉的總稱，但本來指的是將竹材切割成薄片，用帶有竹皮的堅硬部分斜編而成的門扉。「揚簀扉」則是在左右兩側立起的高柱上架上橫貫木，讓門扉吊掛在橫貫木上。簡單樸素的木門，質樸的趣味正是其魅力所在。

用竹子製作固定用的竹皮圈。

門的承軸部分也以竹子製作。

承軸上方以染繩固定。

位於靖國神社庭園空地
入口的枝折扉。

179

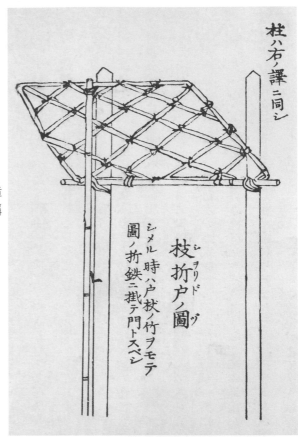

揚簀扉之圖，出自《築山亭造
傳》。過去也是將揚簀扉併稱
為「枝折扉」。

木門兩側架設以黑穗製作的竹穗籬。

高度很高的揚簀扉。設置於庭園空地入口處。

中國的竹籬

蘇州名園「獅子林」中的竹籬。

　　日本文化根源的中國自古以來就有竹籬，也有很多比日本更為古老的資料可循。在這些資料中，有與日本的建仁寺籬、四目籬或是柴籬等極為相似的竹籬做法，不過數量並不多，其中八成都是編籬形式與矢來形式。尤其是到了明清兩代，在日本稱為沼津籬（網代籬的一種）的竹籬經常出現在水墨畫之中，畫中也可見到不少高雅精緻的竹籬。由此可知中國的竹籬以編籬為主流，而這種現象經過長時間的累積一直保存至今，所以現在中國經常可見的是編籬與矢來籬。像這樣研究竹籬的背景，也能夠了解到一個國家的文化與歷史根源等知識，不也是一件趣味盎然的事。

　　接下來介紹中國現存的竹籬，與日本有些相似，但還是有不同的特色及差異。

中國四大名園之一，蘇州留園。

蘇州郊外的庭園，虹飲山房。

羨園外的竹籬。蘇州郊外。

蘇州怡園。

留園園徑旁的竹籬。

留園。在中國，波浪狀的竹籬頂部很常見。圖中竹籬非常細緻。

蘇州耦園。

雲南省昆明。

中國四大名園之一，蘇州拙政園。矢來形式的高大
竹籬。

蘇州耦園。

設置於羨園的特殊形式竹籬。

蘇州名園之一的滄浪亭。

竹籬的發祥與歷史

竹籬是從什麼時候開始成為日本庭園不可或缺的構成要素呢？雖然無法得知正確的起源，但自古以來日本人的日常生活中就有竹籬的存在，這一點是絕對錯不了的。從日本歷史上來看，平安時代竹籬首次出現於文獻之中，而江戶時代竹籬也出現在浮世繪裡，顯示竹籬已經廣泛成為庶民生活的一部分。

自古以來竹子即被經常加工成日常用品，而竹籬有可能從史前時代即存在

雖然無法考據竹籬正確的起源，但從竹子這種素材的實用性來思考，可以推測竹籬從遠古時代就存在。

竹子是一種繁殖力強、無論何處皆可生長且隨處可見的植物。廣義而言，竹子可以分為「竹」、「笹」與「Bamboo」三種（譯注：此為日本分類。「竹」指高度較高的竹種，「笹」指高度較低的竹種，英文「Bamboo」則指熱帶地區竹種）。世界上據稱有超過1,200種以上不同種類的竹子，主要分布於亞洲的溫帶與熱帶地區，而這些地區自古以來便會將竹子加工製作成各式各樣的日常用品。從考古學的調查可清楚得知，東南亞與中國皆會使用竹材編製容器使用。此外，也發現有將整根堅固的竹材做為建材使用的例子，可見人類在使用木材之前，已經在日常生活中廣泛地使用竹子。

竹材容易切割及彎折，纖維的排列方向整齊，所以沿著纖維可大量裁切出同質且同樣的長度與形狀。另外由於竹材中空，相對來說也比較不容易被蛀蝕腐爛等等。對於加工技術尚未發達的古代人來說，具有以上性質的竹子有非常重要的利用價值，因此可推測竹籬的發祥史應該可以追溯到遠古時代。

從島國風土所孕育出的竹籬功能性與其他各國不盡相同

竹籬的日文是「竹垣」，在考察竹籬的歷史時，我們也必須了解「垣」的產生背景。「垣」古文的意思為「以土石包圍」之意，但不包含使用木材或竹子等材料的意涵。而像日本這樣，用竹子或樹枝等較為脆弱的材料製作籬笆或圍籬、並視其為日常生活風景一部分的文化，在世界各國中是非常少見的，原因在於日本是一個島國。

竹籬和「垣」的英文是「fence」或「hedge」，這兩個字都隱含有防衛或是障礙物之意。在陸地連綿不絕的大陸上，混居著各種不同勢力與國家，因此

架設圍籬以守衛國土不受敵人侵害。古代的歐洲與中國，為了要保護部落、繁榮的街道，或是整座都市，會在周邊以石頭或磚牆架設堅固的圍籬，這些遺跡一直留存到今天。日本雖然也有為了抵禦外敵而設圍籬的古老紀錄，但其規模都很小，無法與大陸型國家的圍籬相提並論。

從歷史看各國圍籬的材料，會發現森林樹木較少的各國，常會使用泥土及其加工品。例如埃及、阿拉伯地區以及西班牙的部分區域，是將泥土簡單燒製的粗製磚頭做為圍籬的主要材料。在古代中國也經常使用將泥土乾燥製成的「土磚」。

而位於熱帶或亞熱帶地區樹木及竹材豐富的東南亞等國，則會使用木材或竹子來製作圍籬。既然如此，應該也會製作「竹籬」才對，不過由於這些地區木材或竹材的性質與日本的有所不同，竹籬的製作方法與使用方式似乎不如日本細緻。在偏北的國家會以「校倉式構造」（譯注：將裁切成四方形、三角形或梯形的木材，以排列呈井字的方式堆疊成倉庫外壁的工法。這種工法建造的倉庫可避免濕氣，多用於藏經）的方式來使用木材。而以石文明為發展背景的歐洲各國，圍籬自然多是以石材來建造。

不論在日本或中國，都有許多與「垣」、「籬」相關的語彙，也可從這一點推知，圍籬自古以來即與人們日常生活密不可分。在「親しき仲に垣をせよ」（即使感情親密也應懂禮儀分寸）這句日本成語中，以「垣」代表心靈或感情上的距離，暗示日本特有的纖細情感，這在日本是很常見的用法。

在以木文明為文化發展背景、講究與自然共生的日本，自然地也會將竹材做為製作圍籬的素材之一。不過日本纖巧細緻的竹籬之所以能夠發達，其中原因與品質極佳的剛竹、淡竹等竹材自古便豐富且容易取得有關。江戶中期以後傳入日本的外來種孟宗竹，爾後雖然也經常被使用，但品質上還是稍遜於日本原有竹種。

再加上日本民族手工靈巧，擅於精細工藝，與竹子的特性剛好是天作之合，促使竹材被廣泛使用、製成各式家具與工藝品。

源氏物語中「小柴籬」登場，江戶時代竹籬則普及於一般庶民生活中

在日本，竹籬首次出現於平安時代的文獻中，也有人認為文獻所指的就是世界最古老的長編小說《源氏物語》。〈若紫〉一帖裡，描寫光源氏首次與紫之上讓人印象深刻的會面場景「散步到坡下那所屋宇的茅籬旁邊」。當中就提到了竹籬。《源氏物語》的故事舞台是眾所周知的竹子產地京都，對於作者紫式部來說，竹籬應該是經常映入眼簾的日常景物，可能因為如此而寫入小說中。

而在江戶時代出版、以寫實風景畫介紹各地名勝古蹟與風景的《名所圖會》中，描繪過好幾次用新鮮竹子做成的桂籬。雖然有很多文獻記載這是只存在於京都桂離宮，不過事實上當時除了桂離宮之外，此種樣式也已流傳至各地，可想而知當時只要有竹林的地方，就能夠簡單地做出竹籬。除此之外，在

其他的古畫卷中，也有許多關於「垣」的描繪，例如以竹籬圍起整個用地，或是在建築物周圍用竹籬做為空間區隔等等。透過這些描繪，讓人在在留下竹籬是當時生活必需品的印象。

雖然自古以來有各式各樣關於竹籬的描寫與繪圖，但竹籬專門書籍的出現，卻要等到江戶時代以後，其中最有名的當屬出自籬島軒秋里之手，於1827年出版的《石組園生八重垣傳》。此時浮世繪中關於竹籬的描繪也增加了，尤其是在畫師鈴木春信的浮世繪作品中出現許多袖籬，使竹籬成了「具有風流韻味的圖案」。隨著浮世繪的流傳，竹籬更加深入到一般庶民的生活之中。

即使到了今日，製作竹籬仍被歸類為造園類而非木工類，應該跟平常已習慣於處理竹子之人，亦適合從事這類精細工藝有關吧。

不過今日從事造園業的人之中，能夠傳遞各種竹籬的製作方式及相關知識的人卻愈來愈少。可能是現代人大量使用PVC材質的人工竹材取代天然竹材的緣故，不過如此一來就少了天然竹子才

有的風情。

因此，除了古代庭院需要製作竹籬外，現代的我們也應該將製作竹籬視為一項重要的工藝事業。

竹籬乃是日本人美學意識的象徵，要以表現和風之心來製作

日本庭園不論周圍有多少重的圍塀柵欄，內部還是會配置讓人容易親近的木籬、竹籬或是樹籬等等。「垣」大多留有空隙，比起密不透風的屏障，這樣曖昧不明的感覺反倒更使日本人覺得親切。此外，竹籬與石材或泥土製成的籬笆不同，平均約5年就必須重新調整製作。從功能性來說也許是缺點，不過從另一個角度來看，藉此能感受到四季遞嬗、諸行無常的虛幻，虛幻之中能體會其中的美，也可說是日本人感性的一面。以竹籬來說，原本青蔥翠綠的竹子雖然隨著時間會慢慢變化褪色，但其所呈現出來的風味卻會愈顯深厚。

竹籬雖然只是單純的構造加工物，

但在製作竹籬時，希望大家不要只重視它的功能性，也要將感性的特質以及精神，透過親手製作竹籬的過程表現出來。

竹籬用語集

（原書用語集以日文50音順排列，譯為中文後則無特定順序）

足下籬 _{あしもとがき} 足下垣

低矮竹籬的總稱。金閣寺籬、龍安寺籬，魚鱗籬等皆屬此類。

編籬 _{あみがき} 編垣

將組子以經緯編織的籬笆總稱。若是竹籬，大部分是將竹子切割成細薄的竹片加以編織、或是使用細竹子製成。大津籬為代表。

疣結 _{むす} いぼ結び

竹籬最基本的繩結綁法。尤其在固定四目籬時一定會使用。很多時候也簡稱為「疣」，或又稱為「男結」、「結疣」等名。也是其他繩結綁法的基礎。

石組園生八重垣傳 _{いわぐみそのうやえがきでん} 石組園生八重垣伝

1827年（文政10年）由秋里籬島所出版之造園書籍。其中包含許多竹籬圖與製作方法，是造園業相關從業人員的必備書籍。

裡竹 _{うらだけ} 裏竹

完整的竹子越朝頂端竹身越細，因而難以做為竹籬的材料使用。竹子頂部、不容易使用的部分就稱為「裡竹」。

押緣 _{おしぶち} 押縁

架設在竹籬表面、用來固定立子或組子的竹材總稱。雖然多數是橫向架設，但也有像製作桂籬或御簾籬時以縱向擺放。在創作籬上，也可看到斜立架設的押緣。押緣的竹材通常會使用較粗且對半剖的竹子。架設押緣的位置，也是決定竹籬造形的重點所在。

母柱 _{おやばしら} 親柱

立在竹籬左右兩側、較粗的圓木柱。

曲釘 _{おくぎ} 折れ釘

將一般的釘子彎曲後釘入竹籬即為曲釘。在製作竹籬時，以曲釘做為纏繞染繩時的起點使用。

圍籬 _{かこいがき} 囲垣

圍繞在用地周圍的竹籬總稱。也稱為「井籬」。

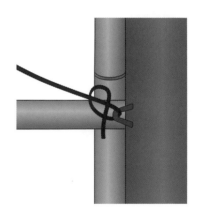

犁田綁法 かきつけ

用染繩固定立子等竹材的方法。不是在每根竹材上套上不同繩子，而是用同一根繩子連續纏繞竹材加以固定。

笠竹 _{かさだけ} 笠竹

架設在竹籬頂部的竹材，有防雨功能。多半都是將竹子對半剖開後使用。

裝飾繩結　飾り結び

為了增加竹籬的美感，會在竹籬上綁上繩結裝飾，尤其多會綁在竹籬頂端的玉緣上。

絡結　からげ

不將染繩綁死，而是以連續纏繞的方式加以固定。此種手法經常用於固定四目籬，也能夠防止立子搖晃震動。

唐竹　唐竹

指較細的剛竹。是製作四目籬或矢來籬的基本竹材。

活結　仮結び

繩結綁法的一種，也是疣結的變形運用，只要拉繩子的其中一側便可立刻將繩結解開的綁法。

杭結　杭がけ

將胴緣以釘子固定到間柱上後，在該位置綁上染繩防止釘子脫落。這種固定間柱釘子的綁繩法稱為「杭結」。

釘止　釘止め

在竹籬上以電鑽或錐子開出釘孔，再打入釘子將竹籬固定在柱子或其他材料上。

組子　組子

構成竹籬主體的竹材總稱。立成垂直方向使用的竹材稱之為「立子」。

刳刀形勾針　くり針

在竹籬上綁繫染繩時使用的工具。若是使用勾針來穿引繩子，一個人也能夠完成綁繫染繩的作業。

黑穗　黒穂

即烏竹的竹枝。為製作竹穗籬的材料。

結界　結界

原意指「區隔宗教聖域的分界物」。現在大多數的人則把結界當成是「禁止進入」的意思。以竹子製作結界時，很多只是將單根竹材橫向架設在架子上，另外也有以石材來製作的結界。

駒除／駒寄　駒除け／駒寄せ

為了防止人或是動物靠近而設置的一種障礙物。經常是將竹子交叉斜放組成。

差石　差石

竹籬下端若直接接觸地面很容易造成損傷，因此會先鋪上石頭，再讓竹材立於石頭之上。此時所擺放的平坦石頭即稱為差石。在製作袖籬時經常使用。

曬竹　晒し竹

經由熱水煮沸、日曬乾燥等加工程序，將細竹材彎曲的部分拉直後的竹材。主要由剛竹或淡竹製作，用於御簾籬等。

枝折扉　枝折戸
しおりど

延著竹籬在出入口所搭建的門戶。將樹枝或竹材等材料加以強力彎折稱為「枝折」。

區隔型竹籬　仕切り垣
しき　ぎり

為了區隔空間而製作的竹籬類型。

篠竹　篠竹
しのだけ

是箭竹（日本矢竹）、女竹、青苦竹（箱根竹）等代表性細竹總稱。這些竹種的共同特徵是材質較為柔軟。以篠竹製作的竹籬也稱為「篠籬」（篠竹中文名為「川竹」）。

隱竹　忍び
しの

在竹籬內部外觀上看不到的地方，為了固定竹穗使其平整所架設、切割成細條狀的竹材。

清水竹　清水竹
しみずだけ

將川竹去除多餘水分與油分後打磨拋光製成的竹材。雖然性質較為脆弱，不過能呈現出高雅的風情。適合擺放在不會淋到雨水的位置。

遮蔽籬　遮蔽垣
しゃへいがき

指視線無法穿透、看不到後方景物的竹籬。代表性的遮蔽籬有建仁寺籬與竹穗籬等。

白穗　白穗
しろほ

相對於黑穗，是顏色較白的竹枝總稱。多指孟宗竹或淡竹的竹枝。

末口　末口
すえくち

竹子頂部直徑較細的那一端。

穿透籬　透かし垣
す　　がき

相對於遮蔽籬，是能夠看到其後側景物的竹籬的總稱。代表性的穿透籬有四目籬、金閣寺籬等。

袖籬　袖垣
そでがき

在建築物旁立下柱子，以此柱子為基準製作的短型竹籬。因看起來像是和服的袖子而得名，具有遮蔽視線與裝飾的功能。

染繩　染繩
そめなわ

將棕櫚繩染成黑色的繩材，用於綁繫竹籬的裝飾繩結。也稱為「染棕櫚」。

洗竹　竹洗い
たけあら

從山林中採取的竹材表面會有髒汙，因此在製作竹籬前需要先以水清洗竹材表面。

竹釘　竹釘
たけくぎ

將竹子削細而成的釘子，有時會以竹釘來固定竹籬的結構。

竹皮　竹の皮
たけ　　かわ

竹子表面的堅硬外皮。

竹肉　竹の肉
たけ　　にく

竹子內側較為柔軟的部分。

竹穗　竹穗
たけほ

竹枝的總稱。通常分為黑穗與白穗，也有單稱「穗」來代表竹枝的用法。以竹穗製作的竹籬稱為「竹穗籬」。

截竹斧 たけわり タケワリ

裁割竹子專用的斧頭，斷面呈楔形而刀刃薄。在切割竹子時，可以用木槌輔助將截竹斧打入竹材中進行切割。

立子 立子

立成縱向垂直使用的組子。

玉緣 玉緣

像帽子一樣覆蓋住竹籬頂端的竹材。若是構造如同建仁寺籬，通常是將最上面的押緣、以及蓋住押緣的笠竹，這兩者為一組的竹材合稱為玉緣。

竹幹 竹稈

指竹子主體的部分。

分散排列 散らす

將竹節位置左右打散，平均地排列。

鐵砲工法 鉄砲づけ

指分別在胴緣的正反兩側交互架設立子的製作方式。雖然使用此種工法的代表性竹籬為鐵砲籬，但其實四目籬也會使用鐵砲工法來製作。

胴緣 胴緣

通過竹籬的中心部，用來固定組子的竹材或木條。立子或組子通常會架設在胴緣上。

目測水平／垂直 通りを見る

押緣等竹材基本上都是以水平或垂直為使用原則。看竹材是否水平或垂直稱為「目測水平／垂直」。

雙套結 德利結び

繩結綁法的一種。不綁出結眼，而是將繩子平綁到不會鬆脫的程度（綁法參照第34頁）。因為它也用來將德利瓶（酒壺）綁在腰間，因此日文中也稱此種繩結為德利結。雙套結經常被用來做為綁繫裝飾繩結時的基礎。日文另一別稱為「鵜首結」。

斜切 斜め切り

指將胴緣或押緣架上母柱時，先將竹材斜切的做法。在製作建仁寺籬或四目籬時，正式的固定法是在母柱上開出榫眼後將胴緣插入，不過在簡式的固定法，將竹材斜切後以釘子固定在母柱上居多。

挽目 挽目

第29頁提到，為了調整竹材的彎曲，可以在竹節的部分以鋸子劃上Ｖ字型切口，如此將竹材調整拉直時，切口就不會太明顯。此種方法在日文中稱為「挽目」。此方式也稱為「節挽」或「節切」。

節止切割 節止め

在緊鄰竹節的地方切斷竹子的切割方式。尤其像是四目籬等以唐竹做為立子的竹籬，為了避免雨水滴入竹材內部，將竹材進行節止切割是必要的。除此之外，進行節止切割後的竹材也能給予觀賞者安定的感受。

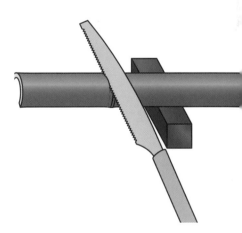

粗竹 太竹

指較粗的竹子。雖然沒有嚴格的定義，但大致是指直徑6公分以上的竹子。

固定梢　振れ止め

竹籬最頂端不使用玉緣時，為了使立子穩定而架設的一種押緣。較一般押緣細，會使用細竹、竹枝或是釣樟的樹枝等材料來製作。

榫眼　ほぞ穴

為了架設胴緣而在柱子上開出的洞孔。

細竹　細竹

直徑較細的竹子。約唐竹左右的粗細，或是比唐竹更細的竹種。

間柱　間柱

母柱以外置於竹籬中間的柱子。有將間柱立於竹籬正面視線可看到的地方，也有立於竹籬背面從正面看不到的方式。

丸竹　丸竹

保持從山中採收下來且未經裁切的竹子。切割整齊後多可用來做為竹籬的立子或組子等。

間隔比率　間割り

設計竹籬時決定胴緣或是押緣的位置，其間隔長度稱為「間隔比率」。

亂　乱れ

指採用「草」型體裁的竹籬，竹材頂端會刻意不加以裁切整齊。有「草」型建仁寺籬或四目籬。

無目板　無目板

為使竹材不要直接接觸地面，讓竹子可以立於其上的板子。因地區方言不同，也稱為「滑板」（譯注：因日文發音無目（mume）板與滑（nume）板，十分相近）。

元口　元口

竹子根部較為粗大的一端。

烤製圓木　焼き丸太

圓木經烤製後將焦黑的地方磨除乾淨。基本上建議以烤製過的圓木做為竹籬的母柱，但神社多偏好使用只是剝除樹皮、但未塗漆料的原木料（日文稱為白木）。因為烤製後的圓木碰觸後很容易弄髒，日式茶式庭園也會以白木做為母柱。

山割竹　山割竹

將剛竹切割成寬3.5公分、長1.8公尺左右，並綑成一束的竹材。也有將孟宗竹切割成的山割竹。經常會略稱為「山割」。

幼竹　若竹

使用3年以上的竹子製作竹籬是基本常識。因為1～2年的竹子質地柔軟脆弱，並不適合做為竹籬的材料。

割竹　割竹

將完整竹子切割開的竹材。如押緣多是使用對半剖開的竹材來製作。

國家圖書館出版品預行編目資料

日式竹圍籬
吉河功編；方瑜譯. -- 修訂1版. -- 臺北市：易博士文化，城邦文化出版：家庭傳媒城邦分公司發行，
2020.04 面； 公分. -- (Craft base ; 22)
譯自：竹垣作りのテクニック：竹の見方、割り方から組み方まで竹垣のつくり方がよくわ
かる決定版 ISBN 978-986-480-115-2 (平裝)
1.庭園設計 2.造園設計 3.竹工
435.75   109004246

Craft base 22

日式竹圍籬

原 著 書 名／竹垣作りのテクニック：竹の見方、割り方から組み方まで竹垣のつくり方がよ
　　　　　　　くわかる決定版
原 出 版 社／株式会社誠文堂新光社
編　　　　者／吉河功
譯　　　　者／方瑜
選　書　人／蕭麗媛
編　　　　輯／許光璇、黃婉玉

業 務 經 理／羅越華
總　編　輯／蕭麗媛
視 覺 總 監／陳栩椿
發　行　人／何飛鵬
出　　　　版／易博士文化
　　　　　　　城邦文化事業股份有限公司
　　　　　　　台北市中山區民生東路二段 141 號 8 樓
　　　　　　　電話：(02) 2500-7008　　傳真：(02) 2502-7676
　　　　　　　E-mail：ct_easybooks@hmg.com.tw
發　　　　行／英屬蓋曼群島商家庭傳媒股份有限公司城邦分公司
　　　　　　　台北市中山區民生東路二段 141 號 11 樓
　　　　　　　書虫客服服務專線：(02) 2500-7718、2500-7719
　　　　　　　服務時間：週一至週五上午 09:30-12:00；下午 13:30-17:00
　　　　　　　24 小時傳真服務： (02) 2500-1990、2500-1991
　　　　　　　讀者服務信箱：service@readingclub.com.tw
　　　　　　　劃撥帳號：19863813
　　　　　　　戶名：書虫股份有限公司
香 港 發 行 所／城邦（香港）出版集團有限公司
　　　　　　　香港灣仔駱克道 193 號東超商業中心 1 樓
　　　　　　　電話：(852) 2508-6231　　傳真：(852) 2578-9337
　　　　　　　E-mail：hkcite@biznetvigator.com
馬 新 發 行 所／城邦（馬新）出版集團【 Cite (M) Sdn. Bhd. 】
　　　　　　　41, Jalan Radin Anum, Bandar Baru Sri Petaling,
　　　　　　　57000 Kuala Lumpur, Malaysia.
　　　　　　　電話：(603) 9057-8822　　傳真：(603) 9057-6622
　　　　　　　E-mail：cite@cite.com.my
美 術 編 輯／簡至成
封 面 構 成／簡至成
製 版 印 刷／卡樂彩色製版印刷有限公司

■2016年01月26日　初版
■2020年04月14日　修訂1版1刷
ISBN　978-986-480-115-2

Printed in Taiwan

城邦讀書花園
www.cite.com.tw

著作權所有，翻印必究
缺頁或破損請寄回更換

定價 800 元　HK$267